KB133747

노벨상을 꿈꿔라 9

2023 노벨 과학상 수상자와
연구 업적 파헤치기

노벨상을 꿈꿔라 9

초판 1쇄 발행 2024년 3월 15일

글쓴이 이충환 이종림 한세희

편집 권기우
디자인 이재호

펴낸이 이경민
펴낸곳 (주)동아엠앤비
출판등록 2014년 3월 28일(제25100-2014-000025호)
주소 (03972) 서울특별시 마포구 월드컵북로 22길 21, 2층
전화 (편집) 02-392-6901 (마케팅) 02-392-6900
팩스 02-392-6902
홈페이지 www.dongamnb.com
이메일 damnb0401@naver.com
SNS

ISBN 979-11-6363-799-8 (43400)

※ 잘못된 책은 구입한 곳에서 바꿔 드립니다.
※ 책 가격은 뒤표지에 있습니다.
※ 이 책에 실린 사진은 셔터스톡, 위키피디아에서 제공받았습니다.
그 밖의 제공처는 별도 표기했습니다.
※ 본문에서 책 제목은 『 』, 논문, 보고서는 「 」 잡지나 일간지 등은 《 》로 구분하였습니다.

노벨상을 꿈꿔라 9

2023 노벨 과학상 수상자와
연구 업적 파헤치기

이충환 이종림 한세희 지음

동아엠앤비

들어가며

**"자신의 분야에서 열정적으로 도전해
놀라운 업적을 이루고 인류에 공헌하다"**

노벨상은 인류 문명을 발전시키는 다양한 분야에서 가장 뛰어난 전문가에게 수여되는, 세계에서 가장 권위 있는 상입니다. 매년 12월 10일 알프레드 노벨의 사망일에 열리는 노벨상 시상식은 노벨상 수상자들의 훌륭한 업적을 인정하고 격려하는 의미 있는 행사입니다.

전 세계 사람들은 노벨상 수상자들의 헌신과 열정에 경의를 표하며, 그들의 기여로 우리의 삶과 더불어 더 풍요로운 세상이 가까워진 데 대한 감사를 전합니다. 수상자들 모두는 희망의 미래를 향해 나아가는 여정에서 가장 중요한 발걸음을 내딛고 있습니다. 우리가 함께 살아가는 세상을 더 나은 곳으로 만드는 데 큰 역할을 하고 있습니다.

노벨상은 단지 수상자 개인의 영광이 아닌, 그들의 성취가 인류에게 가져다주는 혜택과 영향력을 인정하는 것입니다. 노벨상 수상자들은 우리에게 미래를 열어줄 혁신적인 아이디어와 연구를 선사하였습니다. 그들의 업적은 우리 세상을 변화시키고 발전시키는 원동력이 되었습니다.

노벨상을 수상한 과학자, 문학가, 평화운동가 들은 뛰어난 업적과 놀라운 열정으로 인류에 빛나는 희망을 안겨 주었습니다.

물리학, 화학, 의학에서 우수한 성과를 이룬 과학자들은 인류의 지식을 확장시키고 질병에 대항하는 새로운 방법을 창출했습니다. 이들의 열정과

헌신은 우리의 삶을 더 건강하게 만들어 주었고, 미래를 향한 새로운 발전의 길을 열었습니다.

한강의 기적을 일으켜 전 세계의 주목을 받은 우리나라도 노벨상 수상자를 배출하기 위해 수십 년간 노력하고 있습니다. 하지만 아쉽게도 아직 우리나라에서 과학 분야 노벨상 수상자가 나오지는 않았습니다. 노벨상은 그 권위만큼이나 심사가 까다롭기 때문에, 보통 20~30년간에 걸친 후보자의 업적을 심사한다고 알려져 있습니다.

한국은 과학, 문학, 평화 등 다양한 분야에서 뛰어난 인재들을 배출해 왔습니다. 또한 한국인들은 열심히 노력하며 창의적인 아이디어를 발휘해 세계에 기여하고 있습니다. 그 노력과 업적을 인정받아 한국인 수상자가 나오는 날이 오기를 진심으로 바라고 있습니다. 이 책을 읽는 독자 여러분도 앞으로 노벨상의 주인공이 될지도 모릅니다. 큰 꿈을 품고 열정을 발휘하면 다시 기적 같은 일이 우리를 찾아올 것입니다.

2024년 어느 날

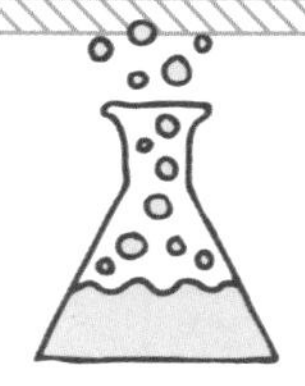

차례

1 2023 노벨상

2 2023 노벨 물리학상

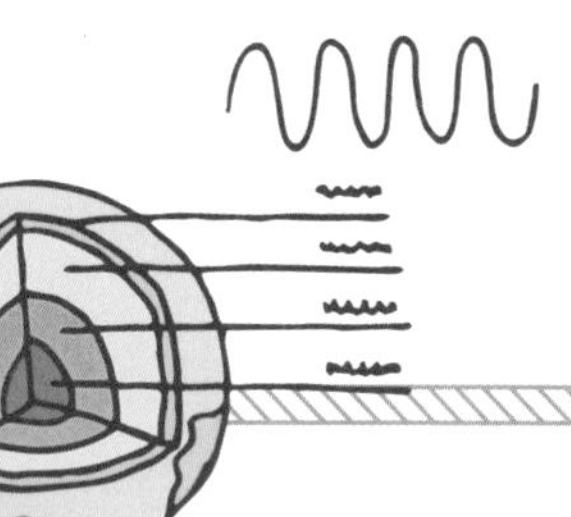

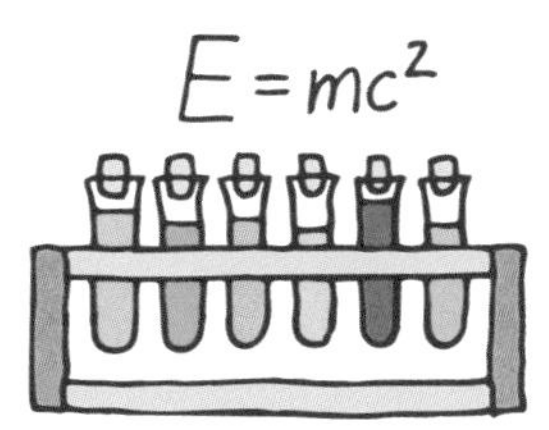

3 2023 노벨 화학상

4 2023 노벨 생리의학상

1

2023 노벨상

지식의 지평을 넓히고 인류의 삶을 풍요롭게 하다

2023 노벨 과학상

2023 이그노벨상

확인하기

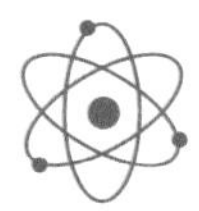

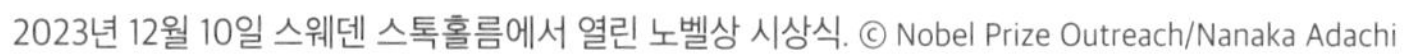
2023년 12월 10일 스웨덴 스톡홀름에서 열린 노벨상 시상식. © Nobel Prize Outreach/Nanaka Adachi

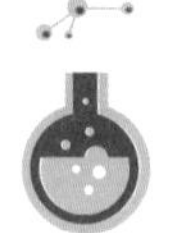

지식의 지평을 넓히고 인류의 삶을 풍요롭게 하다

노벨상을 누가 수상할지 미리 알기는 쉽지 않습니다. 노벨상은 매년 후보자 추천부터 선정 과정, 수상자 통보까지 모든 과정을 비밀리에 진행하기 때문이죠.

그런데 123년 노벨상 역사에서 처음으로 수상자 명단이 사전에 유출되는 사태가 벌어졌답니다. 도대체 무슨 일이 벌어진 것일까요?

2023년 10월 4일 스웨덴 언론들의 보도에 따르면, 스웨덴 왕립과학원 노벨위원회가 화학상 수상자 3명의 명단이 포함된 보도자료 이메일을 공식 발표 4시간 전에 보냈다고 합니다. 스웨덴 왕립과학원 측은 수상자가 아직 결정되지 않았다고 해명했지요. 하지만 화학상 수상자가 유출된 명단대로 발표되자 그 해명이 부끄러워졌습니다. 그냥 우연한 사건이라고 하기에는 전에 없던 일이 벌어진 것입니다.

결국 왕립과학원 측은 이날 수상자를 발표한 뒤, 뒤늦게 사전 유출 실수에 대해 '깊은 유감'이라며 사과했습니다.

노벨상은 어떻게 만들어졌을까?

노벨상은 스웨덴의 발명가이자 화학자인 알프레드 노벨의 유언에 따라 만들어진 상입니다. 다이너마이트를 발명해 막대한 재산을 모은 노벨은 '남은 재산을 인류의 발전에 크게 공헌한 사람에게 상으로 주라'는 내용의 유서를 남겼거든요. 노벨상은 1901년부터 물리학, 화학, 생리의학, 문학, 평화처럼 노벨이 유서에 밝힌 5개 분야에 대해 시상하다가 1969년부터 경제학 분야가 추가됐어요. 시상식은 노벨이 세상을 떠난 12월 10일에 매년 개최됩니다.

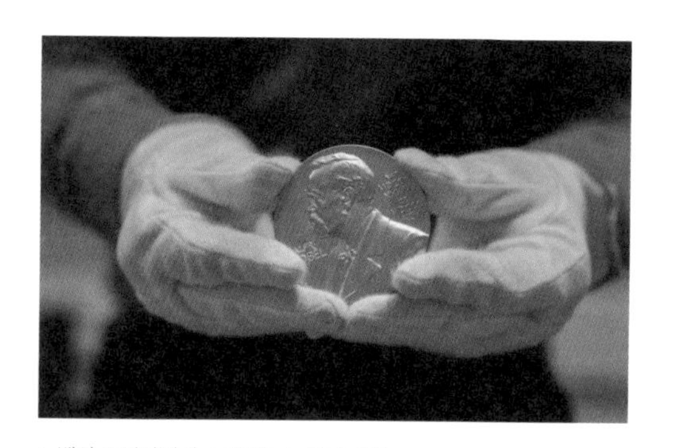

노벨상 수상자에게 수여하는 노벨상 메달.
© Nobel Prize Outreach/Clément Morin

1901년 노벨상이 처음 시상되기 시작된 이후 123년 역사를 거치면서, 수상 주체가 공식 수상자 명단을 사전에 유출한 사례는 이번이 처음인 것으로 알려졌습니다. 이번 일로 인해 노벨상의 권위가 흔들리지 않았느냐는 의견도 나왔답니다. 특히 노벨 화학상 · 물리학상 · 경제학상 등 3개 분야 노벨상의 선정과 시상을 맡은 왕립과학원은 이번 선정 · 발표 과정에 큰 허점을 드러냈어요.

그럼에도 2023년 노벨상 수상자는 모두 발표됐습니다. 수상의 영광을 차지한 사람은 모두 11명으로, 물리학상·화학상 수상자가 각각 3명, 생리의학상 수상자가 2명, 문학상·평화상·경제학상 수상자가 1명이었습니다. 최근에는 노벨상을 여러 명이 함께 받는 경우가 많은데, 한 분야에 최대 3명(또는 3개 단체)까지 가능하고 합니다. 단, 훌륭한 업적을 남겼어도 이미 죽은 사람은 수상자로 선정될 수 없어요.

수상자를 선정하는 곳은 분야별로 정해져 있습니다. 스웨덴 왕립과학원에서 물리학상·화학상·경제학상 수상자를, 스웨덴 카롤린스카의대 노벨위원회에서 생리의학상 수상자를, 스웨덴 한림원에서 문학상 수상자를 각각 선정합니다. 평화상 수상자는 노르웨이 의회에서 지명한 위원 5명으로 구성된 노벨위원회에서 정한답니다. 모든 수상자는 매년 10월 초에 하루에 한 분야씩 발표하죠.

수상자들은 노벨상 메달과 증서, 상금을 받습니다. 메달은 분야마다 디자인이 약간씩 다르지만, 앞면에는 모두 노벨 얼굴이 새겨져 있어요.

증서는 상장이지만, 단순한 상장이 아닙니다. 그해의 주제나 수상자의 업적을 스웨덴과 노르웨이의 전문작가가 그림과 글씨로 표현한, 하나의 예술 작품이거든요.

상금은 매년 기금에서 나온 수익금을 각 분야에 똑같이 나누어 지급합니다. 그래서 상금액이 매년 다를 수 있는데, 2023년 노벨상의 상금은 2022년 상금보다 100만 스웨덴 크로나가 더 많은 1100만 스웨덴 크로나(약 13억 5천만 원)로 책정됐어요. 공동 수상일 경우에는 선정기관에서 정한 기여도에 따라 수상자들이 나눠 갖습니다.

2023년 노벨상의 가장 큰 특징은 여성 수상자가 4명이나 나왔다는 점을 꼽을 수 있습니다. 노벨 물리학상을 공동 수상한 스웨덴 룬드대의 안 륄리에 교수, 노벨 생리의학상을 공동 수상한 독일 바이오엔테크의 커털린 커리코 수석부사장, 노벨 경제학상을 수상한 미국 하버드대의 클라우디아 골딘 교수, 그리고 노벨 평화상을 받은 이란의 여성 운동가 나르게스 모하마디가 그 주인공들이지요.

노벨상이 수여되기 시작한 1901년부터 2023년까지 120여 년 동안 여성이 노벨상을 수상한 건 65번입니다. 이 중 마리 퀴리는 2번 수상했으니 전체 노벨상 수상자 총 965명의 개인 중 여성은 64명으로 5퍼센트에 불과하며, 2년에 1명씩 수상하는 셈입니다. 이 가운데 노벨 평화상 · 문학상을 수상한 여성은 36명이고, 나머지 과학 · 경제학 분야에서 수상한 여성은 28명으로 감소합니다.

일부에서 '노벨상은 남성을 위한 제도'라는 비판이 나오기도 하지만, 시간이 지날수록 여성의 교육 기회가 늘고 과학 · 문학계 등으로 진출하는 여성이 많아지면서 여성 수상자가 증가할 것이란 전망도 나옵니다. 실제로 2001년 이후 여성 노벨상 수상자의 수는 35명으로, 2000년 이전

전체 여성 수상자 수인 30명을 넘어섰습니다.

사실 2023년 노벨 물리학상을 받은 륄리에 교수는 이 분야에서 나온 역대 5번째 여성이자 2020년 이후 3년 만의 여성 수상자입니다. 노벨 생리의학상을 수상한 커리코 부사장은 이 분야의 역대 13번째 여성이고, 2015년 이후 8년 만의 여성 수상자랍니다. 노벨 경제학상을 받은 골딘 교수는 이 분야의 역대 3번째 여성입니다. 여성 최초의 노벨 경제학상 수상자는 2009년 수상자 엘리노 오스트롬이었습니다. 노벨 평화상을 수상한 나르게스 모하마디는 이 분야의 역대 19번째 여성 수상자라고 합니다.

자, 그럼 2023년 노벨상 수상자들은 어떤 업적을 인정받았을까요? 지금부터 노벨 문학상, 평화상, 경제학상 수상자들의 업적과 물리학, 화학, 생리의학 등 노벨 과학상 수상자들의 연구 업적을 간단히 살펴봐요.

노벨 문학상

인간의 양가성과 불안을 표현한 노르웨이 극작가

욘 포세

2023년 노벨 문학상은 노르웨이 극작가이자 소설가이자 시인인 욘 포세에게 돌아갔습니다. 포세는 노르웨이 작가로는 4번째 노벨 문학상을 받았습니다. 그동안 노벨 문학상을 받은 노르웨이 작가는 비에른스티에르네 비에른손(1903년), 크누트 함순(1920년), 시그리드 운세트(1928년)였어요.

스웨덴 한림원은 포세의 혁신적인 희곡과 산문은 이루 말로 다 할 수 없는 것들을 말로 표현했다고 선정 이유를 밝혔습니다. 한림원은 또 포세가 자신의 작품에서 노르웨이 배경의 특성을 예술적 기교와 섞었으

2023년 노벨 문학상 수상자 욘 포세 작가.
© Nobel Prize Outreach/Nanaka Adachi

며, 인간의 사랑과 증오, 쾌락과 고통처럼 서로 대립적인 감정 상태가 공존하는 심리적 현상인 양가성과 불안을 본질에서부터 드러냈다고 설명했습니다. 포세는 리듬, 멜로디, 침묵을 통해 메시지를 전달하는 언어 구사 중심의 미니멀리즘 성향 작품을 선보이면서 사뮈엘 베케트에 자주 비교되기도 합니다. 사뮈엘 베케트는 아일랜드 출신의 작가로 유명한 희곡 《고도를 기다리며》를 비롯한 전위적인 희곡과 소설을 발표했으며, 그 역시 1969년 노벨 문학상을 수상했어요.

한림원에 따르면, 포세는 오늘날 세계에서 가장 널리 작품이 상영되는 극작가 중 한 명인데, 산문으로도 점차 더 인정받고 있다고 합니다. 북유럽권에서 널리 알려진 거장인 포세는 그동안 40여 편의 희곡을 포함해 소설, 시, 에세이, 동화책 등을 집필했습니다. 1983년 장편소설 《레드, 블랙》으로 데뷔했고, 1990년대 초 생계에 어려움을 느끼던 당시 희곡 집필을 의뢰받은 것이 전환점이 됐다고 합니다. 그의 작품은 세계 50여 개국 언어로 번역됐습니다. 국내에도 소설 《아침 그리고 저녁》, 희곡집 《가을날의 꿈 외》, 3부작 연작소설 《잠 못 드는 사람들》, 《올라브의 꿈》, 《해 질 무렵》 등이 번역되어 있어요. 특히 포세는 자신의 희곡들이 전 세계 무대에 900회 이상 오르면서 현대 연극의 최전선을 이끌고 있다는 평가를 받고 있답니다.

노벨 평화상

감옥 안에서 노벨상을 수상한 이란 여성 인권 운동가

나르게스 모하마디

노르웨이 오슬로 시청에서 열린 2023년 노벨 평화상 시상식. 감옥에 갇힌 수상자 나르게스 모하마디(벽 사진)를 대신해 그의 자녀인 쌍둥이 남매가 참석해 상장과 메달을 받았다.

2023년 노벨 평화상은 이란의 여성 인권 운동가 나르게스 모하마디에 수여됐습니다. 노르웨이 노벨위원회는 나르게스 모하마디가 이란의 여성 억압에 맞서 싸우고 모든 이들의 인권과 자유를 위해 노력했다고 밝혔어요. 이란은 1981년부터 여성의 히잡 착용을 법제화하고 엄격하게 복장을 규제하고 있습니다. 세계경제포럼(WEF) 성평등 순위에서도 이란은 146개국 중 143위를 기록하며 하위권에 머무르고 있어요.

모하마디는 개혁 성향의 신문사에서 기자 생활을 하다가 '이란 여성 운동의 대모' 시린 에바디가 이끄는 이란 비정부기구인 인권수호자센터(DHRC)의 부회장을 맡으며 인권 운동을 시작했습니다. 에바디는 2003년 노벨 평화상을 받았고, 이란의 첫 노벨 평화상 수상자이자 이슬람 여성 최초의 노벨 평화상 수상자라는 기록을 세웠어요. 모하마디는 이란의 민주주의와 여성 인권을 수호하기 위해 목소리를 높이는 한편, 사형제를 폐지하기 위한 투쟁에 앞장섰습니다. 이 때문에 지금까지 13차례 체포됐고, 총 31년의 징역형과 154대의 태형을 선고받았다고 해요.

노벨 평화상 발표 당시에도 모하마디는 감옥에 있었습니다. 2019년

반정부 시위의 희생자를 추모하고자 2021년 열린 시위에 참여했다가 체포됐다고 합니다. 외신 보도에 따르면, 모하마디는 국가안보에 반하는 행위와 반국가 선전 확산 혐의로 10년 9개월 형을 받고 2021년 11월부터 감옥에 갇혀 있다고 해요.

그는 옥중에서도 인권을 위한 투쟁을 멈추지 않았습니다. 2022년 9월 히잡을 제대로 쓰지 않았다는 이유로 체포된 20대 여성 마흐사 아미니가 의문사한 뒤 이란 전국에서 히잡을 태우는 항의 시위가 확산됐습니다. 모하마디는 교도소 안에서도 마흐사 아미니의 1주기를 맞아 다른 여성들과 함께 히잡을 태우는 시위를 벌였다고 해요.

노벨 경제학상

남녀 임금격차의 원인을 분석한 미국의 노동경제학자

클라우디아 골딘

2023년 노벨 경제학상을 받은 미국 하버드대 클라우디아 골딘 교수.
© Nobel Prize Outreach/Nanaka Adachi

노벨 경제학상은 1968년 스웨덴 중앙은행이 노벨을 기념하는 뜻에서 만든 상입니다. 시상은 1969년부터 시작했고, 상금은 스웨덴 중앙은행이 별도로 마련한 기금에서 지급해요.

2023년 노벨 경제학상은 '여성과 노동 시장'에 대한 이해를 높인 미국 노동경제학자에게 수여됐습니다. 미국 하버드대 경제학과 클라우디아 골딘 교수가 그 주인공이죠. 여성 학자의 노벨 경제학상 단독 수상은 이번이 처음입니다. 스웨덴 왕립과학원은 골딘 교수가 수 세기에 걸친 여성 소득과 노동 시장 결과에 대한 포

괄적 설명을 사상 처음으로 제공했으며, 노동 시장 내 성별 격차의 핵심 동인을 알아냈다고 선정 이유를 설명했습니다.

1946년 미국 뉴욕에서 태어난 그는 코넬대에서 미생물학을 전공했고, 시카고대에서 경제학 박사학위를 받았어요. 프린스턴대, 펜실베이니아대에서 교수로 근무하기 시작해 1990년 하버드대 경제학과 최초로 여성 종신교수가 됐습니다. 골딘 교수는 성별에 따른 소득 차이 등을 연구한 여성 경제 연구 대가로 손꼽힌답니다. '여성의 경력과 가정의 역사', '여성의 대학 진학률이 남성보다 높아진 이유', '경구피임약이 여성의 커리어와 결혼에 미친 영향' 등이 그의 대표 연구주제예요.

골딘 교수는 200년이 넘긴 기간 동안 축적된 미국 노동 시장 관련 자료를 분석해 시간에 따라 성별 소득 및 고용률 격차가 어떻게 바뀌는지 살피고, 그 차이의 원인을 밝혀냈습니다. 그간 미국 여성의 교육 수준은 상당히 높아졌지만, 승진과 급여 상승률은 오르지 못했습니다. 이런 성별 임금 격차의 요인은 주로 시장과 가정, 가족의 상호작용 때문이라고 그는 설명했어요. 특히 그는 사회적으로 여성에게 좀 더 많은 육아 책임이 부여된다면서 이에 따라 임금 격차가 커진다고 지적했답니다.

2023 노벨 과학상

노벨 과학상은 물리학, 화학, 생리의학이라는 세 분야로 나눠집니다. 2023년 노벨 과학상은 모두 8명이 받았어요. 1901년 제1회 노벨상 이후 지금까지 전쟁 등으로 인해 시상하지 못했던 몇몇 해를 거쳐, 2023년에 노벨 물리학상은 117번째, 화학상은 115번째, 생리의학상은 114번째 시상이 이루어졌답니다.

자, 이제 2023년 노벨 과학상 수상자들의 연구 내용을 간단히 살펴볼까요.

노벨 물리학상

아토초, 과학의 새로운 시대를 열다

피에르 아고스티니, 페렌츠 크러우스, 안 륄리에

2023년 노벨 물리학상은 100경분의 1초라는 아토초 간격으로 짧게 지속되는 빛 파동을 구현해 '아토초 과학' 시대를 여는 데 공헌한 물리학자 3명에게 돌아갔어요. 미국 오하이오주립대의 피에르 아고스티니 교수, 독일 루드비히 막스밀리안대의 페렌츠 크러우스 교수(독일 막스플랑크 양자광학연구소 소장), 스웨덴 룬드대의 안 륄리에 교수가 그 주인공이랍니다.

2023년 노벨 물리학상을 수상한 미국 오하이오주립대 피에르 아고스티니 교수.
© Nobel Prize Outreach/Nanaka Adachi

노벨위원회는 아토초 단위의 광 펄스(빛 파동)을 발생시키는 방법을 고안해 원자와 분자 내부에서 벌어지는 현상을 탐험할 수 있는 새로운 토대를 마련했다고 선정 이유를 설명했습니다. 아주 100경분의 1초(아토초) 단위의 매우 짧은 순간에 진동하도록 만든 빛을 '아토초 펄스'라고 합니다. 이를 이용해 전자가 움직이거나 에너지를 변화시키는 순간을 포착하는 방법을 제시했다는 평가를 받았어요.

아토초의 광 펄스를 이용하면 원자 · 분자 등에서 전자의 운동을 관측할 수 있는데, 당연히 초고속 · 초정밀 기술이 필요합니다. 이와 관련

2023년 노벨 물리학상을 수상한 독일 루드비히 막스밀리안대 페렌츠 크러우스 교수.

2023년 노벨 물리학상을 수상한 스웨덴 룬드대 안 륄리에 교수.

된 연구 분야를 아토초 과학이라고 하죠. 아고스티니 교수와 륄리에 교수는 아토초 과학의 선구자로 평가받아요. 두 사람은 아토초 과학의 바탕인 광 펄스를 구현하는 초기 실험에 공헌했답니다. 1987년 륄리에 교수는 아토초보다 더 큰 단위의 펨토초(1000조분의 1초) 레이저를 불활성 기체에 투과시키면 레이저 빛에 의해 기체 원자에서 전자가 분리됐다가 다시 결합할 때 아토초 펄스가 생성될 수 있음을 발견했습니다. 이어 아고스티니 교수는 아토초 펄스의 특성을 파악하고자 연구하다가 250아토초짜리 펄스가 여러 번 나오는 연속 펄스들을 만드는 데 성공했습니다.

다음으로 크러우스 교수는 펄스 폭을 극단적으로 압축하면서도 펄스 내 전기장 모양을 일정하게 유지해, 최초로 단일 아토초 펄스를 만드는 데 성공했답니다. 펄스 지속 시간을 650아토초로 늘리는 데도 성공했어요.

현재 아토초 과학은 원자에서 초고속 현상을 연구할 뿐만 아니라 반도체 같은 재료 특성도 관찰하는 데 활용하며, 의료 분야에도 적용할 수 있을 것으로 기대를 모으고 있습니다.

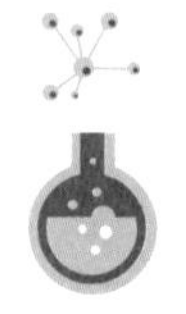

노벨 화학상

양자점 발견으로 나노 기술의 혁신을 이끌다

모운지 바웬디, 루이스 브루스, 알렉세이 예키모프

2023년 노벨 화학상은 나노미터(nm, 10억분의 1m) 크기의 반도체 결정체인 양자점(퀀텀닷)을 발견하고 합성한 화학자 3명에게 주어졌어요. 미국 매사추세츠공대(MIT)의 모운지 바웬디 교수, 미국 컬럼비아대의 루이스 브루스 명예교수, 미국 나노크리스털테크놀로지(NCT)의 알렉세이 예키모프 전 선임연구원이 그 주인공들이랍니다.

노벨위원회는 크기가 매우 작아 스스로 특성을 결정하는 나노입자인 양자점을 발견하고 발전을 이끌었다고 선정 이유를 설명했습니다. 양자점은 크기에 따라 다른 색을 띠고 특이한 특성이 있어서 TV, LED 조명, 종양 조직 제거 수술 등에 활용될 수 있을 것으로 평가받았어요.

1981년 예키모프 전 선임연구원은 러시아 바빌로프 국립광학연구소에서 유리 안에서 구리와 염소를 반응시켜 수 나노미터 크기의 염화구

2023년 노벨 화학상을 수상한 미국 매사추세츠공대 모운지 바웬디 교수.
ⓒNobel Prize Outreach/Nanaka Adachi

2023년 노벨 화학상을 수상한 미국 컬럼비아대 루이스 브루스 명예교수.
ⓒNobel Prize Outreach/Nanaka Adachi

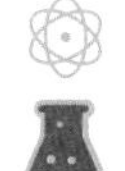

2023년 노벨 화학상을 수상한 미국 나노크리스털테크놀로지(NCT) 알렉세이 예키모프 전 선임연구원.
© Nobel Prize Outreach/Nanaka Adachi

리 입자를 합성했는데, 그 입자의 크기에 따라 유리의 색이 달라진다는 사실을 발견했답니다. 양자점을 처음 발견한 결과였어요. 이듬해인 1982년 미국 벨연구소에서 일하던 브루스 명예교수가 수용액에서 카드뮴 이온과 황화 이온을 반응시켜 황화카드뮴 나노입자를 합성했는데, 이 입자가 양자점이었답니다. 브루스 교수는 새로운 양자점을 구현한 데 이어 양자점이 크기에 따라 색이 다양한 이유도 이론으로 설명했어요.

바웬디 교수는 양자점을 상용화하기 위해 크기가 균일한 양자점을 합성하는 데 도전했답니다. 그는 브루스 교수의 용액 공정법 대신 고온 주입법을 통한 열분해 반응을 고안해 결정성이 우수하고 균일한 크기를 갖는 양자점을 합성하는 데 성공했어요.

노벨 생리의학상

mRNA 백신 개발의 토대를 마련하다

커털린 커리코, 드루 와이스먼

2023년 노벨 생리의학상은 신종 코로나바이러스 감염증(코로나19)을 예방하는 mRNA(전령RNA) 백신 개발의 토대를 마련한 두 과학자에게 돌아갔습니다. 독일 바이오엔테크 커털린 커리코 부사장과 미국 펜실베이니아의대 드루 와이스먼 교수가 그 주인공들이랍니다. 두 사람의 연구성과 덕분에 코로나19 백신 개발이 가능했지요.

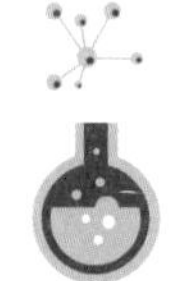

2023년 노벨 생리의학상을 수상한 독일 바이오엔테크 커털린 커리코 부사장.

2023년 노벨 생리의학상을 수상한 미국 펜실베이니아의대 드루 와이스먼 교수.

커리코 부사장은 1989년부터 미국 펜실베이니아대에서 근무하면서 mRNA 연구를 시작했지만, 연구과정은 순탄하지 않았어요. 그러다 1997년 펜실베이니아대에 부임한 와이스먼 교수를 만난 뒤 mRNA를 유전자 발현체로 이용하기 위한 연구를 함께 진행했답니다. 2005년 두 사람은 코로나19에 효과적인 mRNA 백신 개발을 가능하게 만든 뉴클레오사이드 염기 변형에 관한 발견을 담은 논문을 발표했어요.

인체는 외부에서 RNA 바이러스가 들어오면 바이러스 감염으로부터 몸을 지키려는 선천면역반응을 나타냅니다. 즉 다양한 염증 사이토카인(면역신호 전달에 쓰이는 단백질)을 유도하는 동시에 침입한 RNA를 파괴하고 단백질 제조 과정을 막는 시스템을 가동한다고 해요. 커리코 부사장과 와이스먼 교수는 tRNA(운반RNA)가 선천면역반응을 유도하지 않으며 tRNA를 구성하는 변형 뉴클레오사이드가 특별한 기능을 한다는 사실을 발견했답니다. 원래 RNA는 아데노신, 유리딘, 구아노신, 사이티딘이란 네 가지 뉴클레오사이드로 이뤄지는데, tRNA는 이런 뉴클레오사이드에 메틸기가 붙은 '메틸 슈도유리딘'이 존재해요. 이렇게 변형 뉴클레

2023년 노벨상 수상자 한눈에 보기

구분	수상자	업적
물리학상	피에르 아고스티니, 페렌츠 크러우스, 안 륄리에	• 아토초(100경분의 1초) 단위 빛의 파동을 발생시키는 방법을 고안함
화학상	모운지 바웬디, 루이스 브루스, 알렉세이 예키모프	• 양자점을 발견하고 합성법을 개발함
생리의학상	커털린 커리코, 드루 와이스먼	• 신종 코로나바이러스 감염증(코로나19) 예방 목적 mRNA 백신 개발의 기틀 마련
문학상	욘 포세	• 노르웨이 배경의 특성을 예술적 기교와 섞었으며, 인간의 양가성과 불안을 본질에서부터 드러냄
평화상	나르게스 모하마디	• 이란의 여성 억압에 맞서 싸우고 모든 이들의 인권과 자유를 위해 노력함
경제학상	클라우디아 골딘	• 수 세기에 걸친 여성 소득과 노동 시장 결과에 대한 포괄적 설명을 처음으로 제공했으며, 노동 시장 내 성별 격차의 핵심 동인을 알아냄

오사이드인 메틸 슈도유리딘으로 만든 mRNA는 선천면역반응을 피하고 백신 면역반응을 유도하는 단백질을 충분히 발현할 수 있다는 사실을 알아냈답니다.

제약회사 모더나와 화이자는 두 사람이 발견한 원리를 바탕으로 mRNA를 구성하는 네 가지 뉴클레오사이드 중 하나인 유리딘 대신 메틸 슈도유리딘을 사용해 mRNA 백신을 개발했습니다. 이렇게 탄생한 mRNA 백신은 코로나바이러스를 방어하는 데 큰 효과를 발휘했지요. 두 사람의 연구성과는 mRNA 응용을 위한 길을 열었는데, mRNA를 활용해 암 백신이나 암 치료제를 개발할 수 있답니다.

2023 이그노벨상

짠맛을 느끼게 해 주는 젓가락, 똥을 보고 건강을 알려주는 스마트 변기, 죽은 거미로 물건을 들어 올리는 로봇. 이처럼 별난 물건을 개발하고 연구한 과학자들이 2023년 33회 '이그노벨상'을 받았답니다.

'괴짜 노벨상'이란 별칭으로도 불리는 이그노벨상은 1991년부터 미국 하버드대의 유머과학잡지 《황당무계 연구연보(Annals of Improbable Research)》가 매년 전 세계에서 추천받은 연구 가운데 가장 기발한 연구를 선별해 수여합니다. 황당할 수도 있지만 재미있는 연구를 소개해, 어렵게만 느껴지는 과학에 흥미를 갖기 바라는 마음도 있다고 해요.

2023년 온라인상에서 진행된 33회 이그노벨상.
© improbable.com

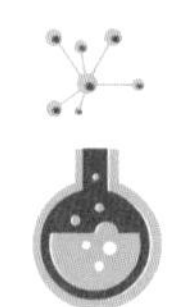

2023년에도 10개 부문에 걸쳐 수상자를 발표했어요. 해마다 수상 분야가 약간씩 바뀌는데, 2023년에는 물리학·의학·심리학·화학과 지질학·문학·기계공학·공중보건·영양학·의사소통·교육 분야에서 수상자를 발표했어요.

그럼 2023년 이그노벨상 수상자들의 기발한 연구 내용을 한번 알아볼까요? 참, 잊지 마세요. 이그노벨상의 캐치프레이즈가 '웃어라, 그리고 생각하라'라는 사실을 말이죠.

공중보건상
똥 누면 건강 알려주는 스마트 변기

변기에 내장된 카메라로 대소변을 찍는다고요?! 이렇게 찍은 사진으로 10여 가지 질병을 알려주는 스마트 변기는 서울대 물리학과를 졸업하고 미국 스탠퍼드대 의대에서 근무하던 박승민 박사가 개발했어요. 진단용 스마트 변기는 2020년 〈네이처 바이오메디컬 엔지니어링〉이란 국제학술지에 발표됐고, 2023년 공중보건 부문 이그노벨상을 차지했답니다.

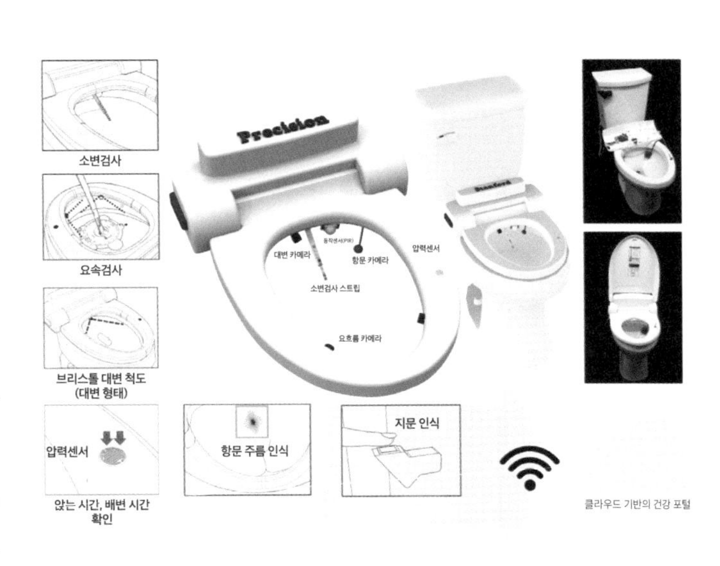

미국 스탠퍼드대 의대에 재직할 당시 박승민 박사가 개발한 스마트 변기.
© Stanford University/Nature

스마트 변기는 대변의 색과 크기, 소변량 등을 측정해 신체 상태를 파악하고, 사람마다 다른 항문 주름을 인식해 사용자도 구별할 수 있다고 해요. 2022년 박

박사는 스마트 변기로 무증상 감염자를 통해 코로나19 바이러스가 전파되는 경로를 추적할 수 있다는 논문도 발표했답니다. 학교, 공항 등의 공중화장실에 스마트 변기를 설치하면 극미량의 대변을 채취해 변기에 내장된 진단 키트로 바이러스에 걸렸는지를 판정한다는 아이디어예요.

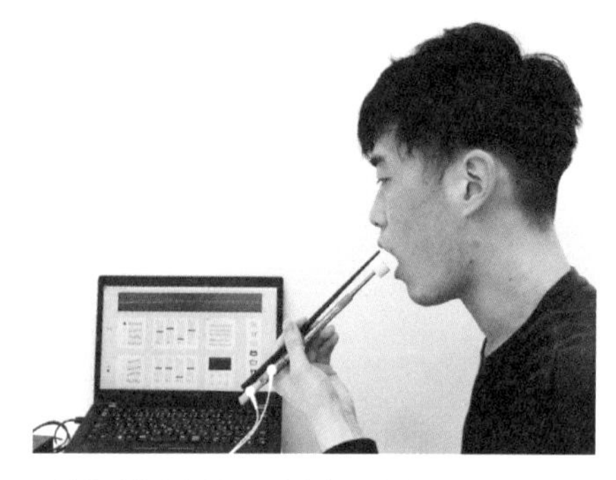
저염 음식에서 짠맛을 느끼게 하는 전기 자극 젓가락.
© Kirin Holdings

영양학상
싱거운 음식도 짜게 느끼도록 만드는 젓가락

소금을 너무 많이 먹어서 걱정이신가요? 여기 싱거운 음식도 짜게 만드는 마법의 젓가락이 있습니다. 일본 메이지대 미야시타 호메이 교수 연구팀이 2022년에 공개한 발명품이랍니다. 나트륨을 너무 많이 섭취해 생기는 고혈압, 뇌졸중 등을 예방하려고 짠맛을 더 강하게 느끼게 만드는 젓가락을 개발했답니다.

어떻게 가능할까요? 이 젓가락은 혀에 미세한 전기 충격을 주어 짠맛을 느끼게 한다고 해요. 혀는 미세한 전기가 흐를 때 특정 맛을 강하게 느끼는데, 이런 현상을 '전기 미각'이라고 부른답니다.

2011년 미야시타 교수는 당시 제자였던 니카무리 히로미(도쿄대 특임준교수)와 함께 빨대, 젓가락 등에 미세 전류를 흐르게 해 음료나 음식을 섭취했을 때 짠맛이 강해지거나 금속 맛이 날 수 있다는 사실을 확인하고 논문으로 발표했어요. 이 연구는 전기 미각 현상을 식기에 도입한 첫 사례라고 합니다. 덕분에 두 사람은 2023년 영양학 부문 이그노벨상을 거머쥐었어요.

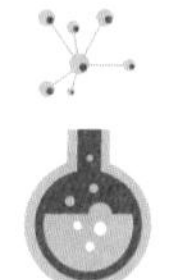

기계공학상

죽은 거미로 만든 로봇

죽은 거미 등에 주사기가 꽂혀 있어요. 이 주사기에 공기를 넣었다 빼면 거미의 다리가 펴졌다 구부러지면서 물건을 들어 올려요. 약간 끔찍해 보이는 이것은 미국 라이스대 기계공학과 다니엘 프레스턴 교수 연구팀이 만든 '네크로봇(necrobot)'이랍니다. 이름도 거미 '사체(necro-)'를 '로봇(robot)'으로 만들었다는 의미로 붙였어요. 연구팀은 이 충격적 발명품 덕분에 2023년 기계공학 부문 이그노벨상을 받았답니다.

연구팀은 복도에서 다리를 오므린 거미 사체를 발견하고, 물건을 쥐는 로봇인 '그리퍼(gripper) 로봇'의 아이디어를 얻었다고 해요. 사실 거미는 굴근이란 근육이 있어 다리를 안쪽으로만 구부리고, 수압을 조절해 다리를 바깥으로 벌린답니다. 하지만 거미가 죽으면 수압을 제어할 수 없어서 다리는 구부러져 둥글게 말리는 것이죠.

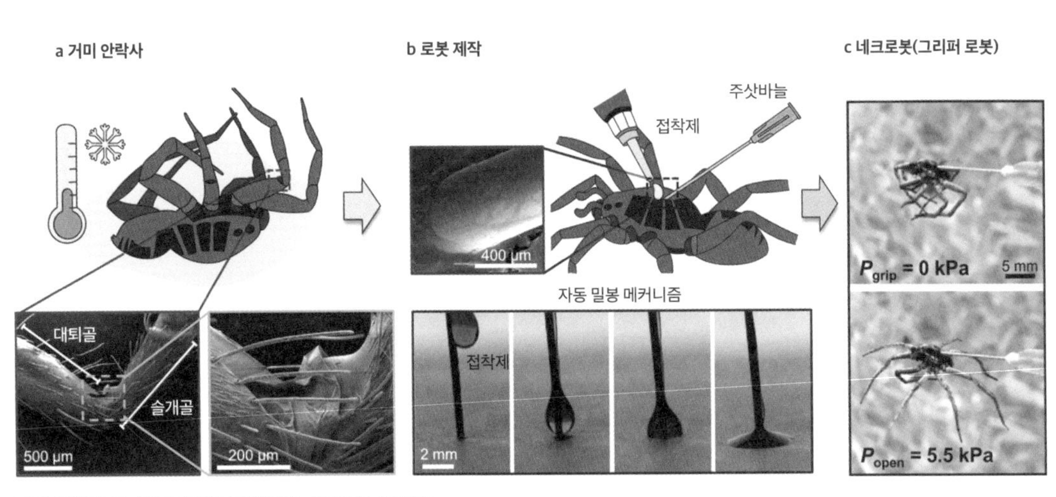

거미 사체로 만든 '네크로봇'은 물건을 쥐는 '그리퍼 로봇'이다.
© Advanced Science

연구팀이 죽은 늑대거미로 만든 네크로봇은 8개의 다리로 불규칙하게 생긴 물건을 자기 몸무게의 1.3배까지 들어 올렸다고 해요.

의학상
콧구멍 속 코털 수는 왼쪽이 많을까? 오른쪽이 많을까?

제33회 이그노벨상 결과를 다룬 《황당무계 연구연보(Annals of Improbable Research)》 특별판.
ⓒ AIR

코털의 개수는 몇 개일까요? 콧구멍 속 코털의 개수는 왼쪽이 많을까요? 아니면 오른쪽이 많을까요? 미국 어바인 캘리포니아대 피부과 연구팀이 콧구멍 속 털의 개수를 확인해 2023년 의학 부문 이그노벨상을 차지했어요.

연구팀은 해부학 문서를 봐서는 답을 찾을 수 없어서 시체 콧구멍 속의 털의 개수를 세는 연구를 시작했답니다. 시체 20구의 콧속을 들여다보고 콧속의 털이 어떻게 분포하는지 살펴봤어요. 일일이 코털을 세고 분석한 결과, 코털의 평균 개수는 왼쪽 콧구멍에 120개, 오른쪽 콧구멍에 122개가 있음을 확인했답니다. 코털의 평균 길이는 0.81~1.035cm였다고 해요. 이 연구결과는 2022년 국제학술지 〈국제 피부과학 저널(International Journal of Dermatology)〉에 발표됐어요. 연구팀은 코털은 호흡기 건강을 지키는 데 중요하기 때문에 더 잘 이해해야 하는 부위라고 강조했답니다.

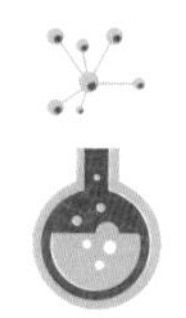

지질학자들이 바위를 핥는 이유(화학과 지질학상)부터 말을 거꾸로 하는 사람의 뇌 작동방식(의사소통상)까지 수상

나머지 이그노벨상은 어떤 연구결과가 받았을까요? 화학과 지질학상은 지질학자들이 왜 바위를 핥아 맛을 보는지 연구한 영국 레스터대 연구팀에, 문학상은 특정 단어를 수없이 반복하면 그 단어가 생소하게 느껴지는 현상(자메뷰)이 왜 일어나는지 연구한 프랑스 그르노블 알프스대 연구팀에 각각 주어졌답니다.

또 의사소통상은 말을 거꾸로 하는 사람의 뇌가 어떻게 작동할지 연구한 아르헨티나 산안드레스대 연구팀이, 교육상은 수업할 때 교사와 학생이 모두 지루해지는 이유를 연구한 중국 홍콩대 연구팀이 각각 차지했어요. 아울러 심리학상은 몇 명이 위를 쳐다보고 있어야 지나가는 사람도 위를 쳐다보게 될지 연구한 미국 밴더빌트대 연구팀이, 물리학상은 짝짓기하러 모인 멸치가 바다에 작은 난류를 만들 수 있다는 연구를 발표한 스페인 비고대 연구팀이 각각 받았죠.

확인하기

지금까지 2023년 각 분야 노벨상 수상자들의 업적과 이그노벨상 수상자들의 연구 내용을 간단히 알아봤어요. 특별히 어떤 내용, 어떤 수상자가 기억에 남나요? 다음 퀴즈를 풀면서 2023년 노벨상을 다시 정리해 봐요.

01 다음 중에서 2023년 수상자를 가장 많이 배출한 분야는 어떤 분야일까요?
① 물리학상
② 경제학상
③ 문학상
④ 생리의학상

02 2023년 노벨상 수상자 중에는 여성 수상자가 4명이나 탄생했어요. 다음 중 여성 수상자가 나오지 않은 분야는 어떤 분야일까요?
① 물리학상
② 경제학상
③ 문학상
④ 생리의학상

03 2023년 노벨 문학상 수상자는 3부작 연작소설도 썼습니다. 다음 작품 중 3부작 연작소설에 속하지 않는 것은 무엇일까요?

①《아침 그리고 저녁》

②《잠 못 드는 사람들》

③《올라브의 꿈》

④《해질 무렵》

04 이란의 여성 인권 운동가 나르게스 모하마디는 2023년 노벨 평화상 수상자가 발표됐을 당시 옥중에 있었어요. 모하마디는 ○○을 제대로 쓰지 않아 체포됐다가 의문사한 20대 여성 마흐사 아미니의 1주기를 맞아 교도소 안에서도 다른 여성들과 함께 ○○을 태우는 시위를 벌였다고 해요. ○○은 무엇일까요?

(   )

05 2023년 경제학상 수상자는 여성 경제 연구의 대가입니다. 이 수상자와 관련 없는 것은 무엇일까요?

① 여성의 경력과 가정의 역사

② 여성의 대학 진학률이 남성보다 높아진 이유

③ 경구피임약이 여성의 커리어와 결혼에 미친 영향

④ 페미니즘, 아이들, 그리고 새로운 가족들

06 2023년 노벨 물리학상을 받은 3명의 물리학자는 아토초 과학 시대를 여는 데 공헌했어요. 1아토초는 몇 초일까요?

① 10억분의 1초
② 1000조분의 1초
③ 100경분의 1초
④ 1000경분의 1초

07 2023년 노벨 화학상은 나노 크기의 양자점을 발견하고 합성한 화학자 3명에게 돌아갔습니다. 다음 중에서 모운지 바웬디가 사용한 양자점 합성법은 무엇일까요?

① 용액 공정법
② 고온 주입법
③ 촉매 환원법
④ 가열승온법

08 2023년 노벨 생리의학상을 수상한 커털린 커리코와 드루 와이스먼은 tRNA(운반RNA)를 구성하는 변형 뉴클레오사이드가 특별한 기능을 한다는 사실을 발견했습니다. mRNA 백신 개발에 이용된 변형 뉴클레오사이드는 다음 중 어떤 것일까요?

① 아데노신
② 구아노신
③ 유리딘
④ 메틸 슈도유리딘

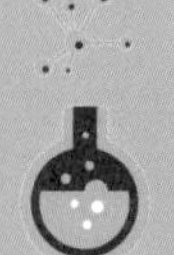

09 2023년 공중보건 분야 이그노벨상은 스마트 변기 개발자에게 돌아갔습니다. 다음 중 스마트 변기로 신체 상태를 파악하기 위해 측정하는 것이 아닌 것은 무엇일까요?

① 대변 색

② 항문 주름

③ 소변량

④ 대변 크기

10 2023년 영양학 분야 이그노벨상은 싱거운 음식도 짜게 느끼게 하는 젓가락을 개발한 과학자들이 받았습니다. 혀는 미세한 전기가 흐를 때 특정 맛을 강하게 느끼는데, 이 현상은 무엇이라고 부를까요?

① 전기 미각

② 전기 화학

③ 전기 후각

④ 전기 감각

정답

1 ①
2 ③
3 ①
4 양자점
5 ④
6 ③
7 ②
8 ④
9 ②
10 ①

2

2023 노벨 물리학상

2023 노벨 물리학상, 수상자 세 명을 소개합니다!
몸풀기! 사전 지식 깨치기
본격! 수상자들의 업적
확인하기

피에르 아고스티니(왼쪽), 페렌츠 크러우스(가운데), 안 륄리에(오른쪽).
© Nobel Prize Outreach/Nanaka Adachi

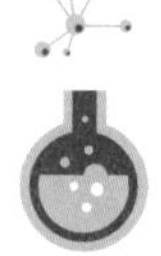

2023 노벨 물리학상, 수상자 세 명을 소개합니다!

피에르 아고스티니, 페렌츠 크러우스, 안 륄리에

2023년 노벨 물리학상은 100경분의 1초라는 아토초 과학 시대를 열어젖힌 물리학자 3명에게 돌아갔어요. 미국 오하이오주립대의 피에르 아고시티니 교수, 독일 루드비히 막시밀리안대의 페렌츠 크러우스 교수, 스웨덴 룬드대의 안 륄리에 교수는 아토초 단위의 광 펄스를 생성하는 실험적 방법을 개발해 이를 통해 원자와 분자 내부에서 일어나는 현상을 '순간포착'할 수 있다는 것을 보여줬답니다.

사실 하이젠베르크와 같은 초창기 양자역학 연구자들은 원자나 분자 수준의 미시세계에서 전자의 운동을 원칙적으로 관측할 수 없다고 생각했어요. 불확정성 원리에 의해 전자의 위치와 운동량을 동시에 정확히 측정할 수 없기도 했지만, 전자가 움직이는 속도는 관측하기에는 너무나도 빨랐기 때문입니다.

3명의 노벨상 수상자들은 초강력 레이저를 활용해 특정 파동(고차 조화파)을 발생시킨 뒤 이를 이용해 아토초 펄스를 생성하고 측정할 수 있는 방법을 개발했답니다. 이들이 탄생시킨 아토초 펄스 덕분에 원자, 분자, 고체 또는 플라스마 내의 초고속 전자 동역학을 연구할 수 있는 아토초 과학이라는 새로운 학문 분야가 시작됐어요. 아직 엄밀한 의미에서 원자핵 주위 전자의 위치와 회전을 관찰할 수 없지만, 오늘날 실험실 실험을 통해 응축 상태의 원자, 분자, 물질 내 전자의 동역학을 '볼' 수 있답니다. 결국 2023년 노벨 물리학상 수상자들 덕분에 아토초 과학 시대가 열린 셈입니다.

2023 노벨 물리학상 한 줄 평

"아토초 펄스 발생 방법을 고안해 아토초 과학 시대를 열다"

피에르 아고스티니

·1941년 프랑스 튀니지 보호령 튀니스 출생.
·1968년 프랑스 엑스-마르세유대에서 박사 학위.
·2005년 미국 오하이오주립대 물리학과 교수.
·2018년~ 미국 오하이오주립대 물리학과 명예교수.

페렌츠 크러우스

·1962년 헝가리 모르 출생.
·1991년 오스트리아 빈공대에서 박사 학위 받음.
·2003년~ 독일 막스플랑크 양자광연구소 소장.
·2004년~ 독일 루드비히 막시밀리안대 교수.

안 륄리에

·1958년 프랑스 파리 출생.
·1986년 프랑스 피에르마리퀴리대에서 박사 학위.
·1997년~ 스웨덴 룬드대 교수.

몸풀기! 사전지식 깨치기

2023년 노벨 물리학상은 원자나 분자 내부에서 일어나는 현상을 '순간포착'할 수 있다는 것을 보여준 3명의 물리학자에게 돌아갔다고 했지요. 좀 더 정확히 말하면 원자나 분자 내에서 전자가 어떻게 움직이는지 탐구할 수 있는 도구인 아토초 펄스를 개발한 것이랍니다.

원자나 분자 수준의 미시세계는 우리가 흔히 접하는 세계와 많이 다르지요. 크기도 너무 작지만 그 움직임도 너무 빨라서 일반적인 도구로는 포착하기 힘들답니다. 그래서 3명의 노벨상 수상자들이 생성한 아토초 펄스를 이용해 그 순간을 포착해야 합니다. 자, 이제 2023년 노벨 물리학상의 업적을 이해하기에 앞서 필요한 지식을 살펴보시죠.

경주마의 순간포착은 어떻게?

"말이 전속력으로 질주할 때 네 발굽이 모두 땅에서 떨어지는 순간이 있는가?"

1872년 미국에서 경주마에 대한 논쟁이 벌어졌어요. 경주마가 달릴 때 네 발은 사람의 눈으로 구별하기 힘들 만큼 빠르고 미묘한 움직임을 보이죠. 당시에는 사진기술이 발달하지 않아 빠르게 움직이는 물체를 촬영하기 쉽지 않았답니다. 논쟁을 끝내고자 경마 애호가이자 훗날 스탠퍼드대를 설립한 릴런드 스탠퍼드가 나서서 개인 자금으로 연구비를 만들어 영국 태생의 유명 사진작가 에드워드 마이브리지에게 실험으로 증명해 달라고 부탁했어요.

1878년 마이브리지는 경주 트랙을 따라 12대나 24대의 카메라를 1피트 간격으로 배치해 말이 지나갈 때마다 차례대로 촬영하는 방법을

© Niklas Elmehed/Nobel Prize Outreach

고안했답니다. 카메라의 셔터 스피드도 개량해 1000분의 2초로 빠르게 찍을 수 있었죠.

이를 통해 마이브리지는 달리는 말의 모습이 담긴 사진 12컷을 연속적으로 찍어 실제 모습을 정확히 포착하는 데 성공했어요. 연속 사진에는 말의 네 발굽이 모두 떨어지는 순간이 포착되면서 논쟁도 종결될 수 있었답니다.

이듬해 마이브리지는 연속 촬영된 동물의 사진을 붙인 뒤 회전시키면 실제 움직임을 생생하게 보여주는 장치 '주프락시스코프'를 선보였어요. 스크린에 영화 필름에 촬영된 상을 잇달아 비추는 영사기의 원형이라고 할 만한 발명품이었죠. 말 이외에 사람, 버펄로, 타조 등의 움직임을 연속 촬영해 주프락시스코프로 재생했어요. 많은 사람은 난생처음 움직이는 영상을 보고 입을 다물지 못했답니다. 순간포착 사진들로 움직이는 영상이 탄생한 셈이죠.

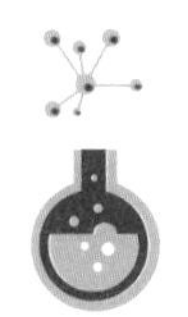

영화는 디지털 기술이 등장하기 전까지 1초에 24프레임(화면)을 활용해 움직임을 만들어 왔답니다. 1초당 24프레임은 소리와 움직임 모두 자연스럽게 담을 수 있는 최소의 프레임 수이기 때문이죠. 최소의 필름을 사용할 수 있는 가장 경제적인 선택인 셈이라 할 수 있어요.

아토초란 얼마나 짧은 시간인가?

카메라의 셔터 스피드는 셔터를 열었다 닫는 시간, 즉 빛이 들어오는 시간이에요. 셔터 스피드는 어떤 측정을 할 때 입력된 신호를 판단할 수 있는 가장 작은 입력신호의 시간 간격으로, 이를 '시간 분해능'이라고 해요.

만일 셔터 스피드가 1000분의 1이라면 밀리초(1000분의 1초)의 시간 분해능을 갖고 어떤 현상을 관측할 수 있다는 뜻이죠. 사실 밀리초만 해도 체감하기가 사람이 어려울 정도로 너무 짧은 시간이랍니다. 예를 들어 인간의 눈으로는 초당 80회의 날갯짓을 하는 벌새의 움직임을 보지 못하지요.

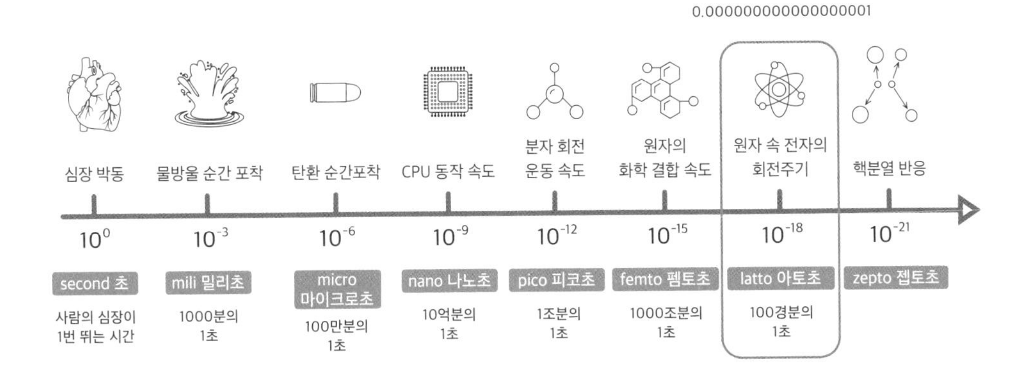

이보다 더 짧은 순간은 어떻게 포착할 수 있을까요? 총알이 사과를 뚫고 지나가는 장면처럼 마이크로초(10만분의 1초) 정도로 짧은 순간에 벌어지는 광경은 초고속 카메라로 포착할 수 있답니다. 초고속 카메라는 스포츠 경기 등을 세밀한 시간 간격으로 연속 촬영한 뒤 촬영 이미지를 화질 저하 없이 매우 느린 속도로 재생할 수 있죠. 또 회로의 전기 신호처럼 나노초(10억분의 1초) 단위로 변하는 것은 오실로스코프로 측정할 수 있답니다. 오실로스코프는 시간에 따른 전기신호(전압)의 변화를 화면에 출력하는 장치로 전기진동이나 펄스처럼 시간에 따라 빠르게 변하는 신호를 관측해요.

분자나 원자 같은 미시세계에서 접할 수 있는 현상은 나노초보다 더 짧은 순간에 벌어진답니다. 분자 회전은 피코초(1조분의 1초) 단위에서 일어나고, 해리(화합물이 각각의 분자나 원자 또는 이온 등으로 나누어지는 현상)와 같은 화학 반응은 펨토초(1000조분의 1초) 단위에서 일어난다고 해요. 물질 내에서 전자가 움직이는 현상은 아토초(100경분의 1초) 단위로 살펴봐야 한답니다.

원자 내에서 전자가 회전하는 주기는 약 180아토초 수준인 것으로 알려져 있어요. 1초에 지구를 7바퀴 반이나 도는 빛이라도 1아토초 동안엔 원자의 지름 수준인 약 0.3나노미터(1나노미터=10억분의 1미터)를 진행할 수 있을 뿐이랍니다. 1아토초는 심장 박동 주기, 우주 나이와 비교하면 어느 정도 시간인지 감을 잡을 수 있어요. 심장 박동은 1초 정도에 한 번 뛰고, 우주는 빅뱅이란 대폭발 이후 약 138억 년(약 100경초)이 흘렀답니다. 1초가 우주 나이에 100경 번 들어가듯이 1아토초는 1초에 100경 번 들어가는 것과 같아요. 아토초란 우리가 상상하기에 극히 짧은 순간이라 할 수 있죠.

미시세계를 탐험하는 도구, 레이저

미시세계에서 일어나는 현상을 포착하기 위해서는 어떻게 해야 할까요? 카메라나 오실로스코프에 해당하는 도구는 바로 빛의 증폭 현상인 '레이저(LASER)'랍니다. 원자나 분자에 레이저 광을 펄스 형태로 쏘아 그 구조와 화학적 특성을 파악할 수 있죠.

최초로 레이저 발진 장치를 발명한 시어도어 메이먼. 그의 손 앞에 루비를 이용한 고체 레이저 장치가 보인다.

먼저 레이저가 무엇인지 자세히 살펴보겠습니다. 레이저는 소설이나 영화에 광선무기로 등장하지만, 현재 통신, 절단, 용접, 수술 등의 다양한 용도로 쓰이는 편리한 도구지요. 레이저란 '유도방출에 의한 광증폭(Light Amplification by the Stimulated Emission of Radiation)'의 약자입니다. 레이저의 토대인 유도방출에 관한 이론은 1917년 알베르트 아인슈타인이 제안했어요. 유도방출은 외부에서 들어오는 빛(광자)의 부추김에 의해 높은 에너지에 있던 원자가 낮은 에너지 상태로 바뀌면서 빛(광자)이 나오는 현상이죠. 이 과정에서 하나의 광자가 동일한 광자 2개로 방출된답니다.

유도방출을 토대로 레이저 개념을 처음 고안한 사람은 미국의 물리학자 찰스 타운스였어요. 그는 컬럼비아대에서 레이저의 전신인 '메이저(MASER)'를 개발했답니다. 1953년 암모니아의 특성을 이용해 마이크로파를 발진하고 증폭 기능이 뛰어난 메이저를 발명했어요. 메이저는 '유도방출에 의한 마이크로파 증폭'이란 뜻이죠. 빛 대신 마이크로파를 이용한다는 것만 레이저와 다른 점이었답니다. 레이저는 1960년 미국 휴즈연구소의 물리학자 시어도어 메이먼이 처음 개발했어요. 그가 발명한 레이저 발진 장치는 합성 보석 루비를 이용한 고체 레이저였답니다. 여기서 나온 빛은 태양 표면에서 방출되는 빛보다 4배나 강한 붉은색을 띠었어요.

레이저 발진장치는 가늘고 긴 공진기(공진현상으로 특정 주파수의 파나 진동을 끌어내는 장치) 양쪽에 거울이 설치돼 있고, 그 사이에 매질이 채워져 있어요. 매질로는 고체, 액체, 기체, 반도체 등을 이용할 수 있죠. 외부에서 매질에 에너지를 가하면 매질에서 빛이 발생하고 이 빛이 거울로 구성된 공진기 안에서 유도방출을 일으키며 기하급수적으로 증폭된답니다. 이때 강력한 레이저 광선이 탄생하는데, 원래 빛과 파장, 위상, 진행 방향이 같아요.

이렇게 만들어진 레이저 광선은 태양광이나 전등빛과 다른 특성이 있답니다. 크게 단색성 · 지향성 · 간섭성이란 3가지가 중요한 특성이죠. 먼저 단색성은 레이저 광선이 단일 파장의 빛이란 뜻이에요. 무지개색을 보이는 태양광과 다른 점이죠. 그리고 지향성(직진성)은 레이저 광선이 퍼지지 않고 가느다랗게 멀리 진행하는 특성이에요. 전등빛은 전구에서 멀어지면 빛의 세기가 빠르게 약해지지만, 레이저 광선은 아무리 멀어도 빛의 세기가 거의 줄어들지 않는답니다. 나머지 간섭성(결맞음성)은 강한 간섭으로 대열이 흐트러지지 않는 특성이에요. 전등빛은 원자가 제각각 독자적으로 빛을 내지만, 레이저 광선은 이웃한 원자들이 서로 관계가 긴밀해 전체 원자가 일사불란하답니다.

레이저 광선의 결이 맞는다?

레이저로 미시세계를 관찰할 때 분자나 원자에 레이저 광선을 짧은 펄스 형태로 쏴야 합니다. 레이저 펄스를 구현하기 위해 가장 중요한 특성이 바로 결맞음성(coherence)이랍니다. 레이저 광선의 결이 맞는

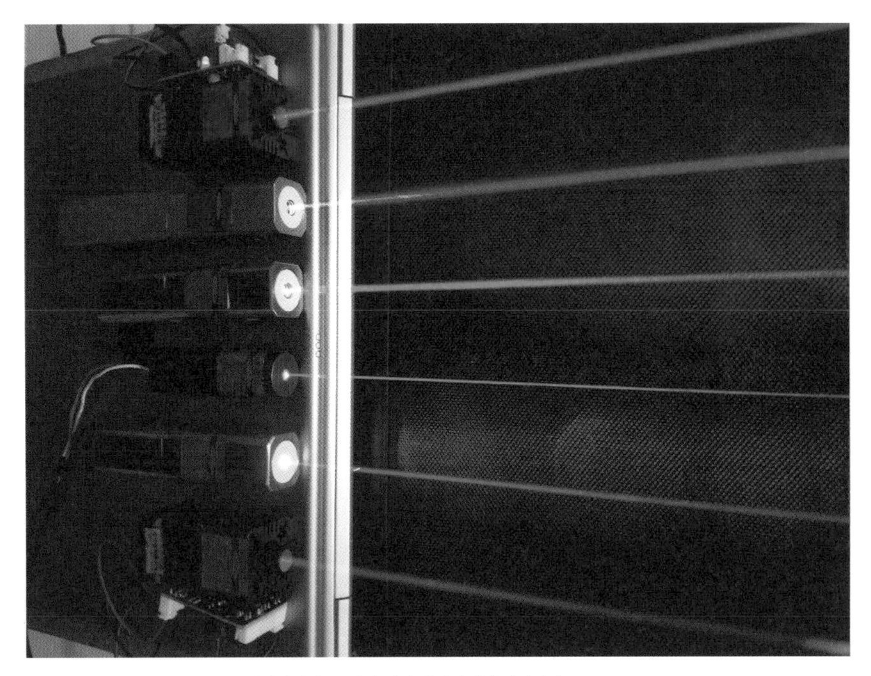

빨간색, 초록색, 파란색을 띠는 레이저 광선들. 단일 파장에 직진성이 뛰어나다.

다는 것은 무슨 뜻일까요? 간단히 말하면 레이저 광선의 파동이 주기적으로 일정하게 계속 흔들린다는 뜻이랍니다.

먼저 레이저 공진기가 2장의 거울이 마주 보고 있는 형태로 구성돼 있고 거울 사이에 매질이 있다고 상상해 봐요. 이 중에서 한 장의 거울은 100퍼센트의 반사율을, 다른 한 장의 거울은 95퍼센트의 반사율을 갖고 있다고 가정하고요. 매질에 빛을 쏘면 유도방출에 따라 들어간 빛과 똑같은 빛이 만들어지는데, 매질에 많은 원자가 있으니 광자(빛) 하나가 들어가면 2개가 나오고 2개가 들어가면 4개가 나오는 식으로 빛이 기하급수적으로 증폭됩니다. 이때 레이저 광선은 2장의 거울 사이

를 계속 도는데, 유도방출로 나온 똑같은 빛이 돌아와서 똑같은 빛을 계속 만들게 된답니다. 그러니 레이저 광선은 일률적으로 결이 맞도록 나오죠.

전구에서 나오는 빛은 여러 진동수와 파장을 갖고 있어 같은 시간에 위상과 진행 방향이 일치하지 않지만, 레이저 광선은 단일 파장으로 구성돼 있고 결이 맞기 때문에 광자가 일사불란하게 같은 방향으로 움직인답니다. 레이저 광선은 결맞음성이 있다 혹은 없다고 나누지 않고, 결맞음이 유지되는 길이가 얼마인지를 얘기해요. 사실 레이저의 종류에 따라서 결맞음성이 유지되는 길이가 다르답니다. 또 레이저 광선은 결맞음성이 있으므로 두 개로 나눠 간섭시킬 때 간섭 무늬가 생겨요. 두 레이저 광선이 똑같은 파동으로 움직이기 때문이죠.

레이저의 주파수 '빛 스펙트럼'

레이저 광선을 짧은 펄스로 만들려면 넓은 스펙트럼을 가져야 한답니다. 양자역학의 불확정성 원리에 따라 에너지와 시간이 불확정성 관계에 있는데, 에너지 폭이 넓어야 시간이 더 짧아질 수 있어요. 그래야 펄스 폭이 짧아질 수 있고요.

마주 보는 거울 2장으로 구성된 공진기에서 레이저 광선이 2장의 거울에 반사되어 돌게 되는데, 빛이 돌아왔을 때 전기장의 크기와 방향이 똑같아야 한답니다. 만일 그렇지 않고 전기장의 방향이 반대라면 계속 돌다가 빛이 상쇄되어 그냥 없어져 버리니까요. 그래서 레이저 광선은 조화파 또는 오버톤(overtone) 형태로 파동이 형성되도록 만들어져야 하죠.

오버톤은 소리에 특별한 특성을 부여하는 배음(倍音)과 비교할 수

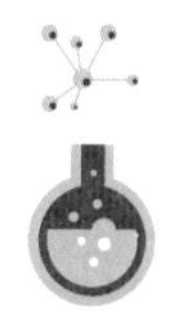

있어요. 배음은 기타나 피아노 연주에서 발견할 수 있답니다. 예를 들어 기타 줄을 한 번 튕기면 크게 위아래로 움직이게 되는데, 줄 가운데 부분을 손가락으로 짚고 다시 튕기면 주파수(진동수)가 2배가 되는 배음이 생성되지요. 이렇게 오버톤 또는 조화파는 우리가 가지고 있는 파동의 주파수가 2배, 3배, 4배 등이 되는 파동을 말한답니다. 레이저는 이런 조화파에 해당하는 빛들만 만들 수 있어요. 조화파에 해당하는 빛들만 레이저 공진기에서 살아남을 수 있다는 뜻이죠.

레이저의 종류에 따라서 다양한 조화파 중에서 하나만 내보내는 레이저도 있어요. 사실 레이저 광선을 펄스 형태로 만들려면 조화파가 많을수록, 즉 스펙트럼이 넓을수록 좋답니다. 넓은 스펙트럼이 필요하다는 것은 주파수(진동수)가 짧은 빨간빛부터 주파수가 긴 보랏빛까지 다양한 형태의 빛이 필요하다는 뜻이죠.

빨주노초파남보의 진동이 나타나는 레이저 스펙트럼은 머리빛의 빛

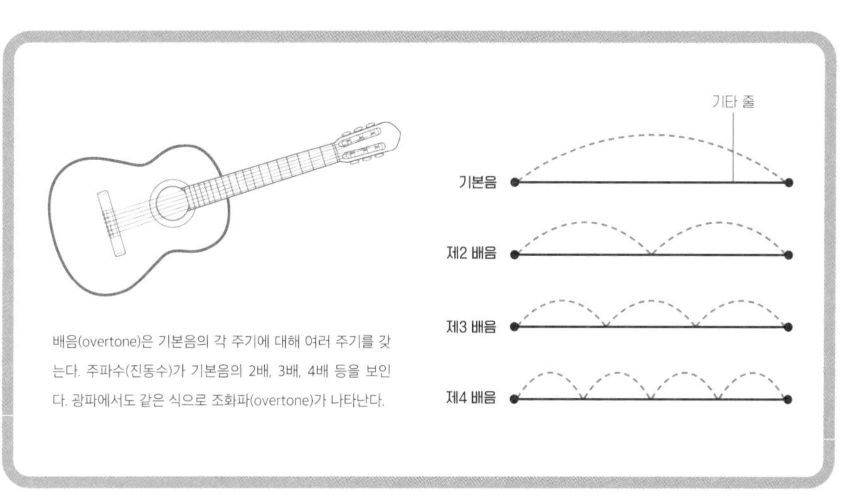

배음(overtone)은 기본음의 각 주기에 대해 여러 주기를 갖는다. 주파수(진동수)가 기본음의 2배, 3배, 4배 등을 보인다. 광파에서도 같은 식으로 조화파(overtone)가 나타난다.

ⓒ Johan Jarnestad/The Royal Swedish Academy of Sciences

살처럼 보인다고 해서 주파수 빗 스펙트럼이라고 해요. 즉 빗살처럼 여러 개의 조화파로 이루어져 있다는 뜻입니다. 그런데 문제는 절대 위상이 바뀌면 이 조화파의 위치가 바뀌면서 레이저가 약간 불안정해진다는 점이죠. 주파수가 하나로 고정돼야 하는데, 주파수가 약간 바뀌니까요. 보통의 경우엔 문제가 안 되지만, 원자시계처럼 매우 안정된 레이저가 필요한 분야에서는 큰 문제랍니다. 이 문제를 해결한 사람이 바로 독일 루드비히 막시밀리안대의 테오도어 헨슈 교수예요. 헨슈 교수는 레이저를 이용해 빛의 주파수를 마치 빗살처럼 매우 짧은 간격으로 나눠 정확히 측정할 수 있는 '광 주파수 빗(optical frequency comb)' 방법을 개발해 2005년 노벨 물리학상을 공동 수상했답니다.

위상 제어까지 해야 펄스 만들 수 있다

레이저를 짧은 펄스 형태로 만들려면 위상을 제어해서 하나로 맞춰줘야 합니다. 위상은 파동이 사인(sin)파 형태나 코사인(cos)파 형태 등으로 나타날 수 있는데, 레이저 광선의 경우 위상이 맞으면 보강간섭이 일어나 빛의 세기가 커지고, 위상이 180도 다르면 상쇄간섭이 일어나 빛의 세기가 0이 되지요. 예를 들어 빨주노초파남보의 진동들이 어느 순간에 위상이 딱 맞는다면 순간적으로 레이저 전기장의 세기가 커지면서 펄스가 만들어진답니다. 다른 시간에는 진동들이 서로 다른 방향으로 흔들리기 때문에 전기장의 값이 작아졌다가 또다시 전기장의 값이 커지는데, 이런 식으로 펄스 열이 만들어지게 돼요.

서로 맞지 않는 위상을 맞도록 만들어주는 기술이 바로 모드 잠금(mode locking) 기술이랍니다. 여러 가지 색깔의 조화파가 있을 때 이 조화파들의 흔들리는 위상을 딱 맞게 하는 거예요. 그래야 펄스를 만들

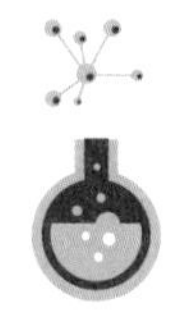

수 있기 때문이죠.

사실 레이저 스펙트럼 폭에 따라서 펄스의 폭이 정해진답니다. 스펙트럼 폭이 넓을수록, 즉 조화파가 빨주노초파남보보다 더 많이 있으면 펄스는 더 짧게 나온다고 해요. 보통 사용하는 레이저는 가시광선 영역 근처에서 빛을 만들죠. 가시광선 영역에서 만들 수 있는 스펙트럼 폭도 빨주노초파남보로 거의 정해져 있어요. 가시광선 영역, 즉 빨주노초파남보 정도의 스펙트럼을 이용해서 만들 수 있는 펄스 폭 중에서 제일 짧은 펄스 폭이 펨토초 수준이랍니다.

역사적으로 개발됐던 레이저의 종류를 보자면, 초창기 레이저는 펄스 폭이 피코초 수준인 레이저였답니다. 이후 여러 가지 기술이 개발됐는데, 특히 색소를 사용해서 만든 레이저가 등장하면서 펄스 폭이 급격히 짧아졌다고 해요. 최근에는 고체를 매질로 쓰는 레이저가 많이 개발됐어요. 그중에서 요즘 실험에 많이 쓰는 레이저는 티타늄 사파이어 레이저죠. 사파이어 결정에 티타늄을 섞어서 만든 레이저인데, 스펙트럼이 굉장히 넓어서 펨토초 레이저를 얻을 수 있답니다.

펨토초 레이저와 펨토 화학

스펙트럼이 넓은 레이저를 갖고 펨토초 레이저를 만든 뒤부터, 이를 이용해 펨토초에 일어나는 현상을 연구할 수 있게 되었어요. 펨토초 시간에 일어나는 현상은 대부분 분자 운동인데, 이를 펨토 화학(femtochemistry)이라고 부르죠. 펨토초 레이저로 분자들의 운동을 굉장히 많이 연구했어요.

예를 들어 다음과 같은 분자가 해리되는 과정을 어떻게 시간에 따라 측정하는가를 살펴봅시다.

$$H+CO_2 \rightarrow HOCO \rightarrow HO+CO$$

HOCO가 자연적으로 해리되는데, HO와 CO로 분리됩니다. 그 과정을 펨토초 단위로 볼 수 있어요. 이 과정이 시간이 얼마나 걸리는가, 얼마나 빨리 일어나는가가 화학자의 궁금증이었죠. 펌프 레이저를 쏘아 IH 분자에서 수소를 떼어다가 CO_2에 붙이면 HOCO 분자가 되고 이것이 다시 HO 분자와 CO 분자로 나누어지는데, 이 과정에서 다른 피코초 레이저를 쏴주면 특정한 분자에서 빛이 나와요. 처음에 분자 반응을 일으키려고 쏴준 레이저 펄스하고 두 번째로 쏴준 레이저의 시간 차이를 바꿔가면서 빛이 얼마나 나오는지 조사하죠. 이 빛이 OH에서 나오는데, 빛이 나온다는 것은 이미 OH가 떨어져서 어느 정도 생겼다는 뜻이랍니다. 시간에 따라 빛을 측정한 값을 그래프로 그려보면, 피코초 내지는 펨토초 해상도로 볼 수 있어요. 해리되는 데 걸리는 시간이 약 20, 30피코초라는 결론을 내릴 수 있답니다. 이런 종류의 실험을 펌프 프로브(pump-probe) 실험이라고 하죠.

펨토 화학의 선구자 아메드 즈웨일은 펨토 화학을 발전시킨 공로로 1999년 노벨 화학상을 받았다. 사진은 2009년 오메르 금상(Othmer Gold Medal)을 받은 모습.

펨토 화학이라는 분야가 굉장히 유명해졌고 많은 사람이 연구를 시작했어요. 이 분야에서 커다란 업적을 남긴 사람이 이집트 태생의 미국 화학자 아메드 즈웨일이죠. 그는 펨토초 레이저 펄스를 이용해 다양한 분자의 화학반응 과정을 시간에 따라 관측하는 데 성공해 펨토 화학의 선구자로 알려져 있답니다. 아메드 즈웨일은 펨토 화학을 발전시킨 공로로 1999년 노벨 화학상을 받았어요.

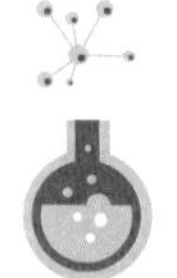

초강력 레이저 만들기

레이저 기술이 급격하게 발전되는 계기는 레이저를 엄청나게 세게 만들 수 있는 기술의 개발이랍니다. 1980년대 중반 이전의 레이저는 증폭하면 거울들이 망가지고 레이저를 만들어야 하는 크리스털이 망가지는 문제를 갖고 있었어요. 이런 문제를 해결하기 위해 1985년 미국 로체스터대 레이저에너지연구소에서 근무하던 제라르 무르 교수와 그의 제자 도나 스트리클런드 박사과정 연구원이 '처프 펄스 증폭' 기술을 개발했답니다.

두 사람은 레이저의 에너지를 높이기 전에 펄스 폭을 늘리는 방법을 고안해냈어요. 레이저 펄스를 바로 증폭하는 대신에 펄스 폭을 늘려서 시간적으로 굉장히 긴 레이저 펄스를 만든 뒤 증폭했답니다. 맨 마지막 단계에서 펄스 폭을 다시 압축해서 센 빛을 만드는 것이죠. 그러면 증폭시키는 과정에서는 펄스가 기니까, 즉 에너지가 시간적으로 분산되어 큰 충격을 피할 수 있었던 것이죠.

무루 교수와 스트리클런드 연구원은 처프 펄스 증폭 방법을 개발해 2018년 노벨 물리학상을 공동 수상했어요. 두 사람은 초강력, 극초단 레이저를 개발한 공로를 인정받았답니다. 훗날 초강력, 극초단 레이저 덕분에 아토초 펄스도 생성할 수 있었죠.

본격! 수상자들의 업적

아토초 펄스를 생성하다

아토초 과학이라는 새로운 분야를 열다

노벨위원회는 미국 오하이오주립대의 피에르 아고스티니 교수, 독일 루드비히 막스밀리안대의 페렌츠 크러우스 교수, 스웨덴 룬드대의 안 륄리에 교수가 물질 내 전자 동역학(움직임)을 연구하기 위한 아토초 펄스를 생성하는 실험적 방법을 개발했다고 밝혔어요. 미시세계에서 원자나 분자가 일으키는 현상을 '순간포착'하려면 100경분의 1초 단위의 아토초 펄스를 이용해야 하죠. 세 사람은 아토초 펄스를 생성하는 데 공헌해 아토초 과학이라는 새로운 분야를 열었다는 평가를 받았답니다.

아토초 펄스로 물질 내 전자의 움직임을 포착하게 됐다는 의미를 담은 그림.
© Johan Jarnestad/The Royal Swedish Academy of Sciences

륄리에 교수는 초강력 레이저를 이용해 고차조화파를 발생시키는 데 성공했고, 아고스티니 교수는 이를 이용해 아토초 펄스를 생성해 처음 관측했어요. 그리고 크러우스 교수는 단일 아토초 펄스를 생성하는 데 성공했고요. 이로 인해 원자나 분자가 주인공인 미시세계에서 전자의 움직임을 포착할 수 있게 되었어요.

수상자들은 아토초 펄스를 생성하고 측정하려고 연구했으며, 이들이 만들어

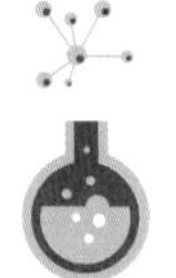

낸 아토초 펄스 덕분에 원자 · 분자 · 고체 또는 플라스마 내의 초고속 전자 동역학을 연구하는 아토초 과학이라는 새로운 분야가 태동했답니다.

펨토초보다 더 짧은 펄스를 위해

아토초 펄스(100경분의 1) 이전에는 펨토초 펄스(1000조분의 1)가 가장 짧은 레이저 펄스였어요. 오랫동안 펨토초 펄스는 광 펄스의 한계로 여겨져 왔죠. 그러면 펨토초의 벽을 어떻게 깰 수 있었을까요? 사실 연구자들이 깨려고 노력한 것은 아니고 우연히 깨진 것이라고 합니다. 원자 · 분자 물리의 한 분파인 강력장 물리 연구를 시작한 것이 계기가 됐어요.

강력한 레이저를 이용해서 광전효과(빛의 입자성을 이용한 현상)와 비슷한 현상을 연구했답니다. 광전효과는 주파수(진동수)가 높은 빛을 쪼이면 물질 내 원자가 이온화되면서 광전자가 생기는 현상이죠. 1905년 광전효과 실험을 수행하던 시기에는 레이저처럼 강력한 빛이 없었기에 빛의 주파수가 낮으면 빛의 세기를 아무리 높여도 이온화가 일어나지 않았답니다. 이후 레이저가 등장하면서 과학자들이 다중 광자 이온화처럼 여러 개의 광자를 흡수해서 이온화되는 현상을 연구했어요. 이와 관련된 현상 중에는 터널링 이온화가 있죠. 원자는 포텐셜 에너지를 가져 전자가 갇혀 있는데, 원자에 레이저를 쏴주면 원자의 포텐셜 에너지 한쪽이 살짝 틀어져서 전자 입장에서는 한쪽 벽이 낮아진 셈이랍니다. 전자가 원자에서 양자역학적으로 빠져나갈 수 있어요. 원자에 레이저를 쏴주면 그 레이저 장의 세기가 그 원자의 포텐셜 에너지보다 세지 않다고 하더라도 확률적으로 전자가 나오게 되는 셈이죠.

강력장 연구를 하던 사람들은 이와 관련된 연구를 많이 했는데, 그러다가 아고스티니 교수가 문턱 넘는 이온화 현상도 발견했답니다. 1970년대 당시 프랑스 원자력및대체에너지위원회(CEA) 연구소에서 근무하던 아고스티니 교수는 초강력 레이저로 광전자 현상을 연구했어요. 강력한 빛을 이용하자 전자가 이온화되는 데 필요한 주파수의 문턱값을 넘어 이온화되는 현상이 관측됐죠. 즉 훨씬 더 낮은 주파수에서도 이온화가 될 수 있다는 뜻이죠. 1979년 발견된 '문턱 넘는 이온화' 현상은 강력장 물리학 연구의 기폭제가 됐답니다. 이런 상황에서 아토초 펄스를 만들 수 있는 기반 연구가 자연스럽게 이어졌어요.

빛의 배음, 고차조화파를 발견하다

1987년 아고스티니 교수와 같은 CEA 연구실에 근무하던 륄리에 교수는 동료 연구진과 함께 1064nm(나노미터, 1nm=10억분의 1m)의 적외선 레이저를 사용해 고차조화파를 발생시키는 데 성공했답니다. 보통 실험할 때 조화파는 2차, 3차가 보이는데, 륄리에 교수 연구진 실험에서는 굉장히 높은 차수의 11차, 13차, 15차, 17차 조화파, 즉 고차조화파가 발견됐다는 뜻이죠.

륄리에 교수 연구진은 처음으로 장파장 레이저를 이용했는데, 적외선 레이저를 불활성 기체에 투과시킬 때 다양한 고차조화파가 생긴다는 사실을 발견했답니다. 레이저 빛이 기체에 들어가 원자에 영향을 미치면 전자를 원자핵 주위에 붙잡아두는 전기장을 왜곡하는 전자기 진동이 발생해요. 그러면 전자는 원자로부터 탈출할 수 있죠. 하지만 빛의 전기장은 계속 진동하며 방향이 바뀌면 느슨하게 풀린 자유 전자가 원자핵으로 돌진할 수 있어요. 전자가 움직이는 동안 레이저 빛의 전기장

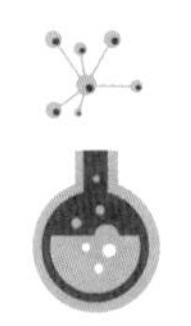

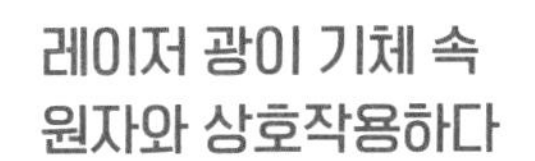

레이저 광에서 조화파를 생성하는 실험을 통해 이를 발생시키는 메커니즘이 발견됐다. 어떻게 작동하는지 보자.

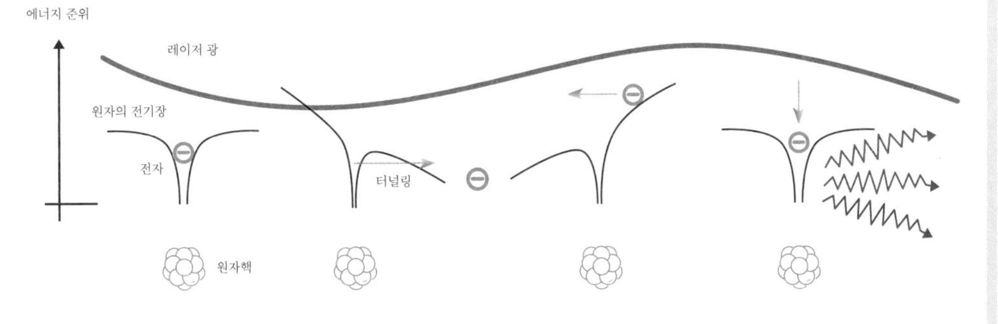

원자핵에 속박된 전자는 보통 원자를 떠날 수 없다. 원자의 전기장에 의해 생성된 우물(포텐셜 에너지)에서 스스로 벗어날 만큼 충분한 에너지가 없기 때문이다.

원자의 전기장은 레이저 펄스의 영향을 받을 때 왜곡된다. 전자는 좁은 장벽에 갇혀 있을 때만 양자역학에 따른 터널링을 통해 탈출할 수 있다.

자유 전자는 여전히 레이저 장의 영향을 받고 여분의 에너지를 얻는다. 자기장이 바뀌고 방향이 바뀌면 전자는 왔던 방향으로 당겨진다.

전자가 원자핵에 다시 결합하려면 도중에 얻은 여분의 에너지를 스스로 없애야 한다. 이 에너지는 자외선 섬광으로 방출되는데, 그 파장은 레이저 장의 파장과 관련돼 있으며 전자가 얼마나 멀리 이동했는지에 따라 달라진다.

에서 추가 에너지를 얻었으니, 핵에 다시 붙들리려면 초과 에너지를 광 펄스로 방출해야 한답니다. 전자에서 나오는 이 광 펄스가 실험에서 나타나는 고차조화파를 생성하는 셈이죠.

방출된 고차조화파는 레이저 광선처럼 결맞음성을 가지는 동시에 가시광선보다 파장이 짧은, 즉 주파수(진동수)가 긴 자외선 또는 X선 영역에 해당하는 넓은 주파수 영역을 갖는 빛이랍니다. 이런 고차조화파는 상호 작용을 하는데, 광파의 정점이 일치하면 더 강해지지만, 한 주

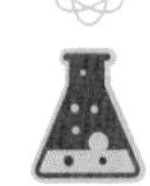

기의 정점이 다른 주기의 최저점과 일치하면 강도가 약해지죠. 고차조화파가 일치하는 상황에서는 일련의 자외선 또는 X선 펄스가 발생한답니다. 각 펄스의 폭이 수십 또는 수백 아토초라고 해요. 따라서 고차조화파를 이용하면 아토초 펄스를 생성할 수 있다는 뜻이죠.

최초로 아토초 펄스를 측정하다

이제 아토초 펄스를 생성하더라도 이것을 어떻게 측정할 것인가 하는 문제가 남았습니다. 아토초 펄스를 연구에 활용하려면 아토초 펄스의 모양을 알아야 했어요. 아토초 펄스는 시간 폭이 얼마나 긴지, 몇 개의 펄스로 이루어져 있는지 등에 대해서 말이죠. 이는 조화파의 각 차수에 대한 세기와 위상을 모두 파악해야 가능한 일이었답니다. 특히 고차조화파의 위상이 맞아야 펄스가 생성될 수 있으니까요.

아고스티니 교수 연구진은 조화파의 위상 관계를 측정하기 위해 '이광자 흡수에 의한 양자 간섭 방법'에 주목했답니다. 이는 알프레드 마켓 등의 연구자가 이론적으로 제안한 방법이죠. 고차조화파를 이용해 광전자를 만들면 각 조화파에 해당하는 광전자가 생겨요. 이때 적절한 세기의 레이저 펄스를 동시에 쏴주면 각 조화파 이외에 새로운 주파수 성분을 갖는 광전자들이 생성된답니다. 새로 만들어진 광전자들은 주변 고차조화파의 위상 정보를 지니고 양자 간섭을 일으키죠.

결국 아고스티니 교수 연구진은 이 양자 간섭 효과를 관측해 각 조화파들의 위상 관계를 측정하는 데 성공했답니다. 이 방법을 '이광자 양자 간섭 아토초 복원 방법(RABBIT)'이라고 불렀어요. 고차조화파의 위상과 세기를 모두 측정하는 데 성공했죠.

특히 연구진은 기차처럼 연속적인 일련의 광 펄스를 생성하고 조사

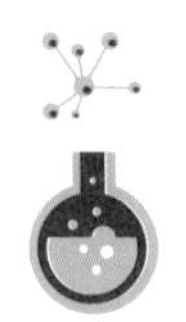

가장 짧은 광 펄스로 전자의 세계를 탐구하다

레이저 광을 기체에 투과하면 기체 원자에서 자외선 고차조화파가 발생한다. 적절한 조건에서는 이런 고차조화파가 같은 위상에 있을 수 있어 그 주기가 일치하면 응집된 아토초 펄스가 형성된다.

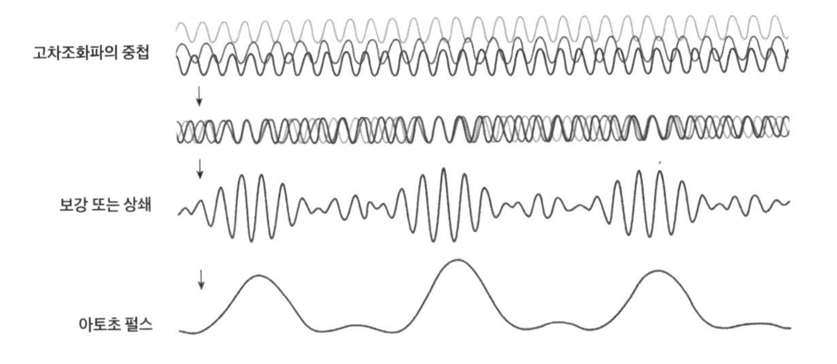

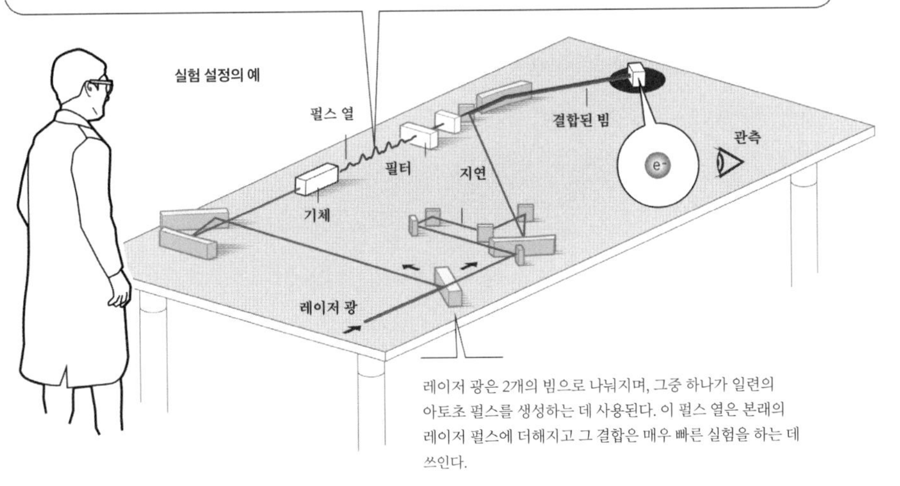

레이저 광은 2개의 빔으로 나뉘지며, 그중 하나가 일련의 아토초 펄스를 생성하는 데 사용된다. 이 펄스 열은 본래의 레이저 펄스에 더해지고 그 결합은 매우 빠른 실험을 하는 데 쓰인다.

하는 데 성공했답니다. '펄스 열'을 원래 레이저 펄스의 지연된 부분과 결합하는 트릭을 사용해 고차조화파의 위상이 서로 어떻게 일치하는지 확인했죠. 이 과정을 통해 펄스 열에서 펄스들의 지속 시간도 측정할 수 있었으며, 각 펄스의 지속 시간이 250아토초에 불과하다는 사실을 알아냈어요. 최초로 아토초 펄스를 측정하는 데 성공한 셈이죠. 이 결과는 2001년 〈사이언스〉에 발표됐답니다.

단일 아토초 펄스를 만들다

단일 아토초 펄스를 이용하면 원자나 분자 내부에서 일어나는 전이 현상 같은 초고속 현상을 연구할 수 있답니다. 그렇다면 아토초 펄스 열 말고 단일 아토초 펄스는 어떻게 만들까요? 이를 해낸 사람이 바로 페렌츠 크러우스 교수예요. 크러우스 교수 연구진은 열차에서 객차가 분리되어 다른 선로로 이동하는 것처럼 단일 펄스를 선택할 수 있는 기술을 연구하고 있었답니다.

먼저 단일 아토초 펄스를 생성하려면 극초단 펨토초 기술이 필요했어요. 레이저 반주기마다 아토초 펄스가 나오니까 레이저 펄스를 짧게 만들면 아토초 펄스가 몇 개 안 나오고 하나만 골라낼 수 있을 것으로 기대됐기 때문이죠. 1997년 오스트리아 빈공대에 있던 페렌츠 크러우스 교수와 마우로 니솔리 교수는 에너지가 높으면서도 폭이 수 펨토초에 불과한 펄스로 압축하는 기술을 공동연구로 개발했답니다. 실제로 폭이 4.5펨토초, 5펨토초 정도인 펄스를 만드는 데 성공했는데, 이것이 단일 아토초 펄스인지에 대한 논란이 있었어요. 물론 펄스 압축 기술을 개발하는 데는 성공했죠.

사실 단일 아토초 펄스를 만들려면 반드시 절대 위상을 제어해야 할

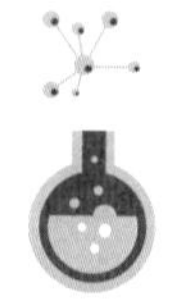

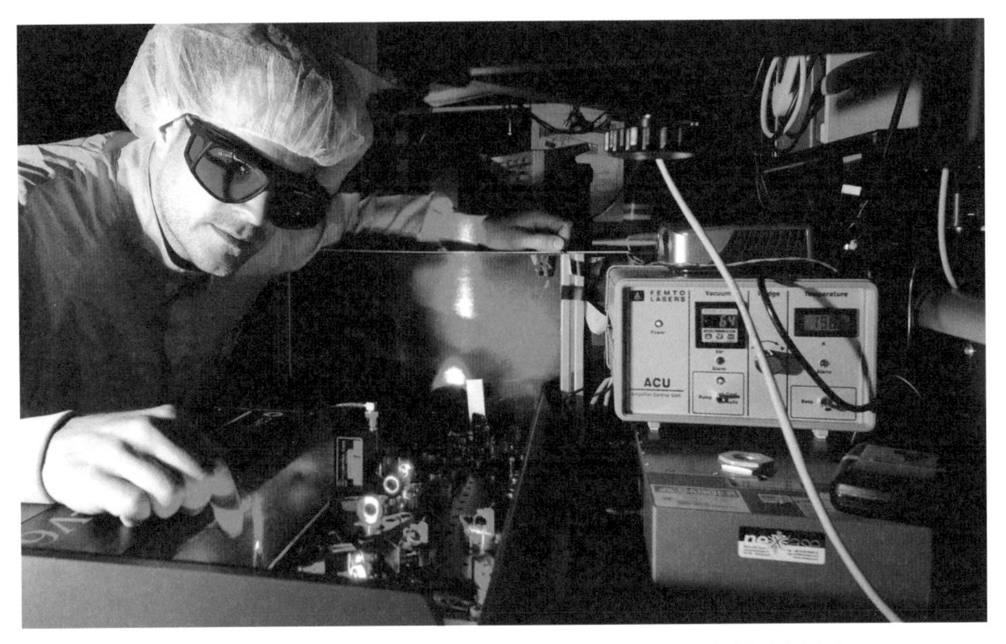

독일 막스플랑크 양자광연구소(소장 페렌츠 크러우스)에 있는 레이저 시스템. 강력한 펨토초 레이저 광을 발생시켜 미시세계를 탐구한다.
© Max-Placnk-Gesellschaft/Thorsten Naeser

필요가 있었답니다. 예를 들어 사인파 형태의 펄스는 전자가 원자핵에서 벗어났다가 다시 돌아오는 일이 1회 일어나 단일 아토초 펄스를 생성할 수 있지만, 코사인파 형태의 펄스는 이런 일이 2회 생겨 아토초 펄스가 2개 생성되기 때문이죠. 또 절대 위상 안정화 기술도 필요했답니다. 절대 위상 안정화는 레이저 펄스 내의 전기장 모양을 일정하게 유지하는 것을 뜻해요. 절대 위상이 바뀌면 조화파의 위치가 바뀌고, 그러면 레이저가 불안정해지기 때문이죠.

당시에 단일 아토초 펄스를 얻는 실험을 성공시키기 위해 많은 연구팀이 도전에 나섰지만, 크러우스 교수 연구진이 펄스 압축 기술과 절대

위상 안정화 기술을 모두 접목해 최초로 단일 아토초 펄스를 만드는 데 성공했답니다. 이 연구성과는 2001년 〈네이처〉에 발표됐어요. 아토초 펄스열 생성 연구가 발표된 해와 같은 해였죠.

아토초 펄스, 어디에 쓰일까?

아토초 펄스를 생성하고 측정하는 데 성공하자 과학계는 흥분했답니다. 아토초의 시간 분해능으로 그동안 보지 못했던 물리 현상을 관측할 수 있게 됐기 때문이죠. 예를 들어 광전자 이온화와 같은 초고속 현상을 연구할 수 있었어요. 크러우스 교수 연구진은 단일 아토초 펄스를 사용해 네온에서 나타나는 광전자 이온화 현상을 연구했어요. 네온 원자핵 주변의 두 양자 상태에서 생성되는 광전자들의 지연 시간에 아토초 단위의 미세한 차이가 있음을 확인했던 것이죠. 륄리에 교수 연구진도 광전자 이온화에서 생기는 지연 현상을 더 자세히 관측해 분석했고요.

현재 아토초 과학 분야에서는 원자에서의 초고속 현상을 비롯해 고체나 액체의 초고속 이온화와 전이 현상 등을 활발하게 연구하고 있답니다. 아토초 펄스를 이용하면 X선에 의해 DNA가 손상되는 매우 짧은 순간까지 관찰할 수 있으니, 앞으로 아토초 펄스는 의료 분야에서도 활용될 수 있을 것으로 기대돼요. 또 아토초 펄스를 사용해 반도체와 같은 소재를 자세히 살필 수 있으니 전자공학 분야에서도 유용할 것이라고 예상된답니다.

이제 과학자들은 아토초 그다음 단계인 젭토초(10^{-21}초) 시대를 바라보고 있답니다. 젭토초 펄스를 생성하려고 노력하는 한편, 이를 이용해 핵분열 반응과 같은 원자 내부의 초고속 동역학을 연구할 계획도 수립

하고 있어요.

우리나라에서도 아토초 과학 분야를 활발히 연구하고 있어요. 기초과학연구원(IBS) 초강력 레이저과학 연구단에서는 페타와트(1000조 W)급 레이저를 활용해 상대론적 영역에서 아토초 펄스, 젭토초 펄스를 생성하기 위해 노력하고 있답니다. 포항 4세대 방사광가속기(PAL-XFEL)를 사용한 아토초 연구도 유망할 것으로 기대하고 있습니다.

확인하기

2023년 노벨 물리학상 수상자들의 연구 내용이 흥미로웠나요? 약간 어렵게 느꼈을 수도 있겠지만, 아토초 과학의 기본에 대해 조금은 파악하게 됐을 거예요. 자, 그럼 지금까지 살펴본 내용을 확인하는 문제를 풀어 보세요.

01 다음 중에서 가장 짧은 시간 단위를 나타내는 것은 무엇일까요?
① 피코초
② 아토초
③ 나노초
④ 펨토초

02 아토초 펄스를 이용해 원자와 분자 내부에서 일어나는 현상을 '순간포착' 할 수 있어요. 구체적으로 어떤 것의 움직임을 관측할 수 있을까요?
① 양성자
② 중성자
③ 전자
④ 쿼크

03 미시세계를 탐구하는 도구인 레이저(LASER)는 '(　　)에 의한 광증폭'을 뜻하는 영문의 머리글자로 만든 용어입니다. (　　) 안에 들어갈 단어는 무엇일까요?
(　　　　　　　　　　　　　　　　)

04 레이저 광선은 태양광이나 전등빛과 다른 특성이 있습니다. 다음 중 레이저 광선의 특성이 아닌 것은 무엇일까요?

① 단색성

② 지향성

③ 간섭성

④ 굴절성

05 다음 중에서 레이저 광선을 짧은 펄스 형태로 만드는 데 필요하지 않은 것은 무엇일까요?

① 직진성을 유지해야 한다.

② 결맞음성이 있어야 한다.

③ 넓은 스펙트럼을 가져야 한다.

④ 위상을 제어해야 한다.

06 펨토초 레이저 펄스를 이용해 다양한 분자의 화학반응 과정을 시간에 따라 관측하는 데 성공해 펨토 화학의 선구자로 알려진 사람은 누구일까요?

① 안 륄리에

② 아메드 즈웨일

③ 피에르 아고스티니

④ 페렌츠 크러우스

07 1970년대 아고스티니 교수 연구진이 강력한 빛을 이용하자 전자가 이온화되는 데 필요한 주파수의 문턱값을 넘어 이온화되는 현상을 관측했어요. 이 현상은 무엇일까요?

① 문턱 넘는 이온화

② 터널링 이온화

③ 다중 광자 이온화

④ 비순차적 이중 이온화

08 안 륄리에 교수 연구진이 적외선 레이저를 불활성 기체에 투과해 발생시키는 데 성공한 것은 무엇일까요?

① X선 펄스

② 아토초 펄스

③ 자외선 펄스

④ 고차조화파

09 피에르 아고스티니 교수 연구진은 최초로 아토초 펄스를 측정하는 데 성공했으며 펄스 열을 생성하고 조사하는 데 성공했습니다. 연구진의 측정 결과 각 펄스의 지속 시간은 얼마였을까요?

① 180아토초

② 200아토초

③ 250아토초

④ 350아토초

10 페렌츠 크러우스 교수 연구진이 최초로 단일 아토초 펄스를 만드는 데 성공했습니다. 다음 중에서 이를 위해 접목한 두 기술은 무엇일까요?

① 펄스 압축 기술과 처프 펄스 증폭 기술

② 펄스 압축 기술과 절대 위상 안정화 기술

③ 모드 잠금 기술과 처프 펄스 증폭 기술

④ 모드 잠금 기술과 위상 제어 기술

정답

1. ②
2. ③
3. 유도방출
4. ④
5. ①
6. ②
7. ①
8. ④
9. ③
10. ②

2023 노벨 화학상

2023 노벨 화학상, 수상자 세 명을 소개합니다!
몸풀기! 사전 지식 깨치기
본격! 수상자들의 업적
확인하기

모운지 바웬디(왼쪽), 루이스 브루스(가운데), 알렉세이 예키모프(오른쪽). © Nobel Prize Outreach/Nanaka Adachi

2023 노벨 화학상, 수상자 세 명을 소개합니다!

모운지 바웬디, 루이스 브루스, 알렉세이 예키모프

2023년 노벨 화학상 수상자들은 양자 현상에 의해 그 특성이 결정될 정도로 작은 입자인 양자점을 만드는 데 성공한 화학자 세 명에게 돌아갔습니다. 스웨덴 왕립과학원 노벨위원회는 모운지 바웬디(Moungi Bawendi) 미국 MIT대 교수, 루이스 브루스(Louis Brus) 미국 컬럼비아대 명예교수, 알렉세이 예키모프(Aleksey Yekimov) 전 나노크리스털테크놀로지(Nanocrystals Technology) 선임연구원에게 '양자점의 발견과 합성에 대한 공로'로 2023년 노벨 화학상을 수여했습니다.

양자점(Quantum Dot)은 양자역학이 적용되는 아주 작은 크기의 반도체 입자를 뜻합니다. 양자역학은 아주 작은 크기의 세계에 적용되는 물리 법칙을 말하는데요. 원자나 분자보다 작은 수 나노미터 단위의 나노 세계에서 일어나는 일입니다. 이들 세계에서는 우리가 눈으로 보고 직관적으로 생각하는 것과 다른 방식으로 움직입니다.

양자점이 매력적이면서도 특이한 이유는 입자의 크기를 조정하면 광학적, 전기적, 자기적 특성과 녹는점까지 변경할 수 있다는 점 때문입니다. 양자점은 크기에 따라 색상도 달라집니다. 일반적으로 다른 색상을 만들고 싶다면 다른 구조로 배열된 새로운 분자, 새로운 원자 세트를 선택해야 해요. 하지만 양자점은 동일한 원자 배열을 가지고도 입자 크기만으로 다른 색상을 나타낼 수 있지요.

2023년 노벨 화학상 수상자들은 입자 크기에 따라 색이 달라진다

2023 노벨 화학상 한 줄 평

"나노과학의 씨앗 '양자점'의 발견과 합성"

모운지 바웬디

- 1961년 프랑스 파리 출생.
- 1988년 미국 시카고대 화학 박사 학위.
- 1988년 AT&T 벨 연구소 재직.
- 1990년 MIT대 교수로 재직.
- 2001년 레이먼드 새클러 융합연구상 수상.
- 2006년 어니스트 올랜도 로렌스상 수상.

루이스 브루스

- 1943년 미국 오하이오주 출생.
- 1969년 미국 컬럼비아대에서 화학 물리학 박사 학위.
- 1973년 AT&T 벨연구소 재직.
- 1996년 컬럼비아대 교수로 재직.
- 2001년 미국물리학회 화학물리학 부문 어빙 랭뮤어상 수상.
- 2013년 화학 부문 웰치상 수상.

알렉세이 예키모프

- 1945년 구소련 출생.
- 1974년 러시아 과학 아카데미 Ioffe 물리 기술 연구소에서 물리학 박사 학위.
- 1974년 바빌로프 주립 광학 연구소 재직.
- 1999년 미국 나노크리스털테크놀로지 수석 과학자로 재직.
- 2006년 RW 우드상 수상.

는 양자 효과를 예측하고 이를 실험적으로 증명했습니다. 또한 양자점의 특성을 이용해 입자의 크기를 제어하고 색상을 정확하게 구현해 내는 방법 또한 알아냈습니다.

1980년대 초 알렉세이 예키모프가 색유리에서 크기에 따른 양자 효과를 만드는 데 성공했습니다. 염화구리 나노입자에서 비롯된 색상을 확인하고, 양자점의 입자 크기가 유리 색상에 영향을 미친다는 것을 입증했습니다.

뒤이어 루이스 브루스는 용액 속에서 자유롭게 떠다니는 입자들의 양자 효과를 발견했습니다.

그리고 1990년대 모운지 바웬디는 이를 실제 응용 분야에 활용하기 위해 뛰어난 광학 품질을 갖는 양자점을 생산하는 방법을 알아냈습니다. 액체 혼합물의 온도를 정밀하게 제어함으로써 나노 결정을 원하는 크기로 정확하게 성장시킬 수 있었고 대량 생산의 길을 열었지요.

© Niklas Elmehed/Nobel Prize Outreach

이들의 연구로 인류는 이제 양자점의 독특한 특성을 활용할 수 있게 되었습니다. 양자점은 상업용 제품뿐 아니라 물리학 · 화학 · 의학 등 다양한 과학 분야에서 사용됩니다. 우리가 일반적으로 보는 TV 화면 디스플레이부터 다양한 분야의 차세대 소재로 주목받고 있습니다. 암 조직 식별과 같은 생의학 응용 분야에서 활용할 수도 있습니다. 나아가 전자공학, 태양전지, 양자 컴퓨터 등의 무궁무진한 잠재력을 갖고 있지요.

몸풀기! 사전지식 깨치기

'이상한 나라의 앨리스' 이야기를 알고 있나요? 동화 속에서 토끼를 따라간 앨리스는 마법의 물약을 먹고 몸의 크기가 작아집니다. 그리고 새로운 세계로 모험을 떠나게 되죠. 만약 여러분이 앨리스처럼 몸이 아주 작은 크기로 줄어든다면 어떤 세계가 펼쳐질까요?

일반적인 크기가 아니라, 수 나노미터의 크기로요. 보통 사람의 머리카락 굵기가 8만~10만 나노미터이니, 머리카락보다 수만 배 작은 크기로 줄어드는 것이지요. 그렇게 극도로 작은 나노 세계는 어떤 모습일지 과학자들은 오랫동안 상상해 왔습니다. 그리고 마침내 현실 세계와는 사뭇 다른 '이상한' 세계가 펼쳐진다는 사실을 알아냈습니다. 바로 2023년 노벨 화학상을 받은 양자점 연구 이야기입니다.

마법에 걸린 앨리스처럼 우리 일상의 모든 것을 나노 크기로 축소시킨다면, 그동안에는 보지 못했던 놀라운 세계를 볼 수 있습니다. 금이라는 물질을 예로 들어 볼게요. 모든 원소는 원자의 전자 수와 핵 주변의 전자 분포에 따라 특성이 결정됩니다. 금 또한 마찬가지죠. 순수한 금 원소는 은이나 철과는 다르게 누런색을 띠고 있으며, 녹는점은 섭씨

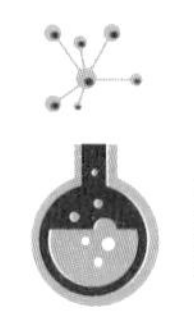

1000도가 넘습니다. 이를 금의 고유한 물리적인 특성이라고 말합니다. 이러한 특성은 100g의 금이나 10g, 또는 10㎎의 금까지 모두 동일하지요. 이것이 화학의 기본 사실 중 하나입니다.

그런데 크기가 수 나노미터로 작아진다면 이 당연한 사실이 달라집니다. 바뀌는 건 단지 크기뿐이 아닙니다. 어떤 크기에서는 금 귀걸이가 빨간색으로 바뀌고, 또 어떤 크기에서는 금 반지가 파란색으로 빛날 수도 있습니다. 이것이 나노 규모로 작아진 양자 세계에서 겪을 수 있는 이상한 일입니다.

입자 크기가 작아지자 색이 변하는 마법

이러한 일이 벌어지는 이유는 물질의 크기가 줄어들자 이상한 현상, 즉 양자 효과가 발생했기 때문입니다. 크기를 비유해 보면, 양자점과 축구공의 크기 비율은 축구공과 지구의 크기 비율과 같아요. 양자점은 수십에서 수백 개의 원자로 구성된 결정체입니다. 여기에서 양자점의 핵심은 크기만 변경해도 색상과 같은 속성이 변경된다는 것입니다. 일반적인 크기의 세계에서는 보지 못하는 현상들이 나노입자의 세계에서 펼쳐지지요.

양자점은 전자를 3차원으로 가둘 수 있으며, 특정 파장의 빛을 방출할 수 있습니다. 이를 이해하기 위해서는 작은 '상자' 또는 '용기'를 생각하면 쉽습니다. 전자를 가져다가 작은 '상자'에 집어넣어 압축시키면, 전자는 상자 속에서 활동하며 상자의 내부 측면에 부딪히겠지요. 공간을 작게 만들수록 전자의 에너지가 커져서 광자에게 더 많은 에너지를 줄 수 있습니다. 그래서 작은 입자는 더 큰 에너지로 파란색을 띠고, 크기가 큰 입자는 빨간색으로 빛납니다.

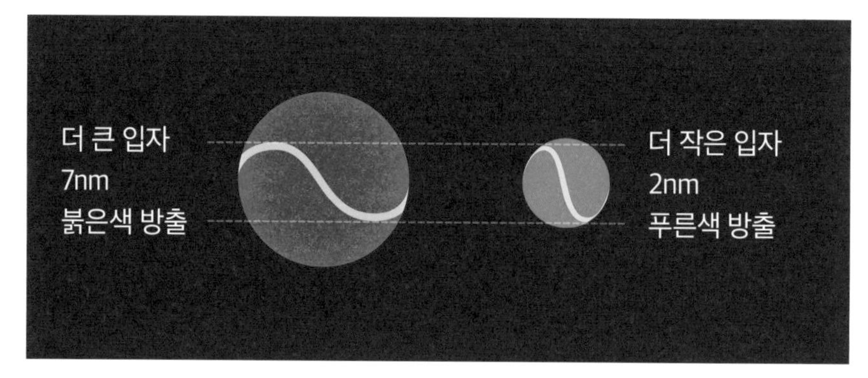

양자점에 빛을 비추면 크기에 따라 특정 색상을 발산한다. 7나노미터의 크기에서는 붉은색을, 2나노미터의 크기에서는 푸른색을 나타낸다.

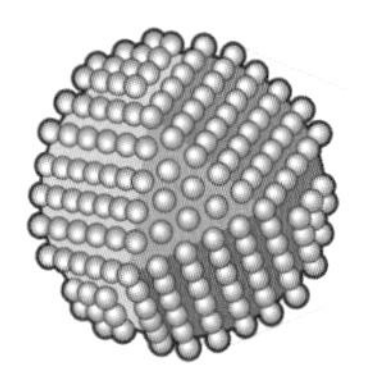

수천 개의 원자로 이뤄진 양자점의 크기는 축구공과 지구의 크기로 비교할 수 있다.
© Johan Jarnestad/The Royal Swedish Academy of Sciences

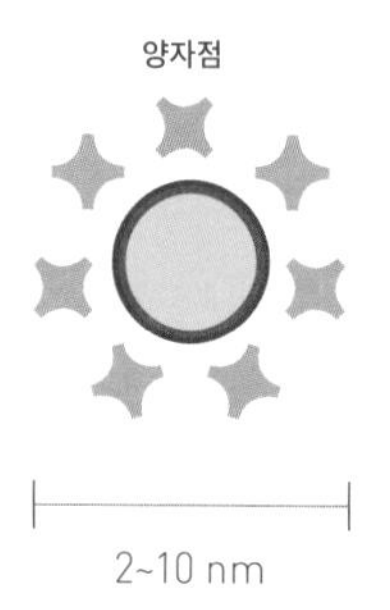

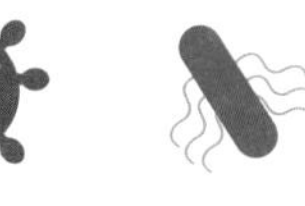

양자점은 2~10나노미터 크기의 입자를 말한다. 원자는 0.1~0.5나노미터, 바이러스는 20~400나노미터, 박테리아는 200~75만 나노미터 크기이다.

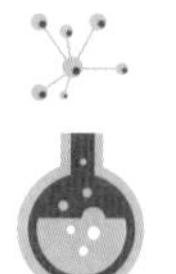

화학을 공부하는 모든 사람은 원소의 특성이 그 원소에 포함된 전자 수에 따라 결정된다는 것을 배웁니다. 그런데 이처럼 원자를 아주 작은 '상자'에 넣어 크기를 압축시키면 전자의 주파수가 증가하고, 물질이 흡수하거나 방출하는 빛의 유형이 바뀌지요. 양자역학의 기본 원리는 물체가 입자나 파동처럼 행동할 수 있다는 것입니다.

양자점으로 만나는 '무지개' 빛깔

이처럼 '상자' 속에 압축된 입자는 양자역학에 의해 이론화된 파동적 행동을 일으키는 '양자점'이라고 불리는 결정입니다. 작은 입자이자 원자들의 결정체이지만, 개별 원자처럼 행동하기 때문에 인공 원자라는 별명으로도 불리고 있지요.

역으로 이러한 양자점의 특성을 이용하면 마법 같은 일을 실현할 수 있습니다. 예를 들어 여러 장의 티셔츠를 각각 빨간색, 녹색, 노란색, 파란색으로 염색하고 싶다고 상상해 보세요. 각 색상마다 서로 다른 분자를 사용해야겠지요. 서로 다른 분자 속의 서로 다른 원자는 서로 다른 색상을 만들어 냅니다. 이것이 바로 화학의 기초라 할 수 있어요.

기존에 물질이 흡수, 반사 또는 방출하는 빛의 파장은 일반적으로 구성 원자를 결합하는 화학 결합에 의해 결정됐습니다. 재료의 화학적 성질을 활용하여 화학적 결합을 조절하고 원하는 색상을 얻을 수 있었지요. 그러나 이러한 방법은

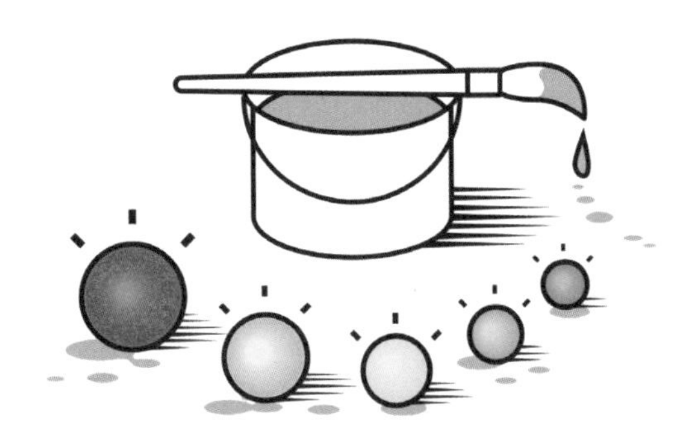

양자점은 빛을 받으면 흡수한 뒤 다른 파장으로 빛을 발하는데, 입자의 크기에 따라서 다양한 색의 빛을 방출한다.
© Johan Jarnestad/The Royal Swedish Academy of Sciences

시간이 지남에 따라 결합력이 저하되고 제품이 퇴색되는 결과를 낳기도 합니다. 또 이 과정에서 종종 인간과 환경에 유해한 화학 물질을 사용해야 하기도 하고요.

그러나 양자점은 다르게 작용합니다. 화학적 결합 대신 재질의 크기만 변경함으로써 흡수하고 방출하는 빛의 파장을 결정할 수 있지요. 방출되는 빛의 강도와 품질을 더 쉽게 조정할 수 있을 뿐만 아니라 백화나 변색을 줄이고 독성을 관리할 수 있습니다.

양자점은 강한 형광성을 갖고 있어서 특정 색상의 빛을 흡수하고 이 에너지를 거의 즉시 다른 색상으로 다시 방출합니다. 방출하는 빛의 파장은 입자의 크기에 따라 달라진다고 했지요. 더 큰 입자의 전자는 더 적은 에너지를 갖고 붉은빛을 방출하는 반면, 더 작은 입자의 전자는 더 많은 에너지를 가지며 푸른빛을 방출합니다. 이처럼 입자의 크기를 제어함으로써 과학자들은 결정을 빨간색, 파란색 그리고 그 사이의 모든 색상으로 만들 수 있게 됐습니다. 이 때문에 양자점을 연구하는 과학자들은 "하루 종일 무지개를 보는 것 같다."고 말하곤 하지요.

수상자들의 업적

양자점의 발견과 생산이 불러온 과학 혁명

일찍이 1937년 독일 태생의 영국 물리학자 헤르베르트 프뢰리히(Herbert Froehlich)는 입자가 나노 크기로 작아지면 양자역학의 이상한 마법에 걸리게 될 것이라고 예측했습니다. 그는 입자가 극도로 작아지면 물질의 전자를 위한 공간이 줄어든다는 것을 보여주는 유명한 슈뢰딩거 방정식을 떠올렸지요. 그러면 파동이자 입자인 전자가 함께 압착됩니다. 프뢰리히는 이것이 재료의 특성에 급격한 변화를 가져온다는 것을 깨달았습니다.

1930년대 양자점을 예측한 물리학자 헤르베르트 프뢰리히.

과학자들은 프뢰리히의 통찰력에 매료되어 크기에 따른 수많은 양자 효과를 수학적으로 예측하는 데 성공했습니다. 그러나 프뢰리히의 예측이 실제로 입증되기까지는 수십 년이 걸렸습니다. 과학자들은 그때까지 양자 효과가 나타나는 크기로 물질을 직접 압축하는 방법을 찾지 못했습니다.

1970년대에 와서야 나노구조를 만들기 시작했습니다. 과학자들은 일종의 분자빔을 사용하여 벌크 재료 위에 코팅 재료의 얇은 나노층을 만들었어요. 벌크 물질이란 원자, 분자와 같이 작은 입자가 아니라 실제로 육안으로도 관찰할 수 있는 큰 물질을 의미합니다. 그렇게 만들고 나면 코팅의 두께에 따라 광학적 특성이 달라지는 것을 확인할 수 있었는데, 이는 양자역학의 예측과 일치하는 관찰이었지요.

획기적인 발전이었지만 이러한 실험에는 고도의 기술이 필요했습니다. 초고진공과 절대영도에 가까운 온도라는 극한의 조건이 모두 필요했지요. 실용화의 엄청난 장벽을 만난 셈입니다. 그러나 이러한 벽에 부딪혔을 때, 때때로 과학은 예상치 못한 결과를 가져다줍니다. 이 연구에 전환점이 된 것은 고대 발명품인 색유리에 대한 연구였습니다.

유리 속에서 컬러의 새로운 세계를 만나다

큰 성당에 가보면 빛이 투과되어 화려하게 빛나는 스테인드 글라스를 볼 수 있습니다. 스테인드 글라스는 다양한 색유리를 재료로 만듭니다. 인류는 수천 년 전부터 이러한 색유리를 만들어 온 것으로 기록되어 있습니다. 유리 제조업자들은 오래전부터 유리를 무지개와 같이 알록달록한 색상으로 만드는 방법을 찾기 위해 다양한 실험을 했지요. 은 · 금 · 카드뮴과 같은 물질을 첨가한 다음, 다양한 온도로 실험하여 아름다운 유리 색조를 만들어 냈습니다.

이러한 유리 제조업자들의 지식은 뜻밖에도 나중에 물리학자들의 참고 자료가 되었어요. 19세기부터 20세기에 이르기까지 물리학자들은 빛의 광학적 특성을 조사하면서 유리 제조업자들의 지식을 활용하였습니다. 색유리를 사용하여 특정 파장의 빛을 걸러내는 방법을 써 본 것이지요. 실험을 최적화하기 위해 물리학자들은 유리를 직접 만들었습니다.

녹은 유리에 금속이나 반도체 불순물이 섞이면 투명한 유리에 다양한 색깔이 나타납니다. 예를 들어, 셀렌화카드뮴(CdSe)과 황화카드뮴(CdS)을 섞은 혼합물은 유리를 노란색이나 빨간색으로 변하게 만들 수

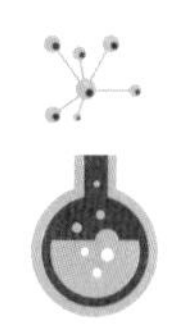

있습니다. 녹인 유리를 얼마나 가열하고 냉각했는지에 따라 달라지지요.

그러한 불순물 입자의 크기가 수 나노미터 정도로 작아지면 크기에 따라 특정한 색깔의 빛을 방출하는 양자점이 되는 것입니다. 결국 색상은 유리 내부에 형성되는 입자에서 비롯되며, 입자의 크기에 따라 달라진다는 사실을 발견할 수 있었습니다.

그러면서 단일 물질이 완전히 다른 색의 유리를 만들 수 있다는 것을 깨달았지요. 과연 어떻게 깨닫게 되었을까요?

스테인드 글라스를 만드는 제조공법에서 힌트를 얻어 양자점 연구가 이뤄졌다.

양자점과의 첫 만남, 예키모프

이 답을 찾은 인물이 바로 2023년 노벨 화학상의 첫 번째 수상자 알렉세이 예키모프입니다. 러시아의 저명한 고체물리학자인 알렉세이 예키모프는 양자점을 발견하며 과학계에 지울 수 없는 흔적을 남겼지요. 1945년에 태어난 그는 어린 시절 자연에 둘러싸인 농촌에서 소박하게 자랐습니다. 자연에 대한 호기심과 함께 늘 과학적 발견부터 철학적 주제, 클래식 음악에 이르기까지 활발한 가정 안에서의 토론 문화가 그를 과학으로 이끌었다고 해요.

과학자로서 그의 여정은 1967년 구 소련의 레닌그라드 주립대학교

물리학부에 진학하면서부터 시작되었어요. 그는 물리학자이지만 화학 연구에 누구보다 열정적이었습니다. 주기율표, 분자 구조 및 화학 반응의 복잡성을 깊이 탐구하며 탄탄한 역량을 갖추게 되었지요. 이와 함께 전자공학과 반도체 물리학에도 정통했습니다. 그 결과 일명 '예키모프 입자'라고 불리는 나노결정인 양자점을 발견하게 됩니다.

입자 크기에 따라 달라지는 색상

예키모프는 박사학위를 취득하고 러시아의 바빌로프 주립 광학 연구소에서 일했습니다. 그는 박사 과정 동안 전자공학에서 중요한 반도체를 연구했어요. 이 분야에서는 반도체 재료의 품질을 평가하기 위한 진단 도구로 광학적 방법이 사용됩니다. 물질에 빛을 비추고 흡광도를 측정하는 것이지요. 이를 통해 해당 물질이 어떤 물질로 만들어졌는지, 결정 구조가 얼마나 잘 정돈되어 있는지를 알 수 있습니다.

예키모프는 이러한 방법에 익숙했기 때문에 이 방법을 사용하여 색유리를 검사하기 시작했습니다. 몇 가지 초기 실험 후에 그는 염화구리(CuCl)로 착색된 유리를 체계적으로 생산하기로 결정했습니다. 용융된 유리를 섭씨 500도에서 700도 사이의 온도 범위로 가열하면서, 가열 시간을 1시간에서 96시간까지 다양하게 했습니다.

유리가 냉각되어 굳어진 뒤, X선을 유리에 쬐고 산란되는 X선을 관찰함으로써 결정 크기를 확인할 수 있었습니다. 비정질(원자나 분자가 불규칙하게 배열된 고체) 유리 안에서 수 나노미터 크기의 염화구리 입자가 만들어졌지요. 일부 유리 샘플에서는 결정의 크기가 약 2나노미터에 불과했고, 다른 샘플에서는 최대 30나노미터였습니다. 제조 공정이 입자의 크기에 영향을 미친 것입니다.

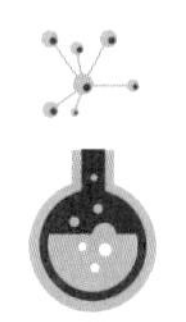

흥미롭게도 입자의 크기에 따라 유리의 빛 흡수가 달라져서 다른 색을 나타냈습니다. 가장 큰 입자는 일반적으로 염화구리처럼 붉은 빛을 흡수하지만, 작은 입자는 파란색에 가까운 빛을 흡수했습니다. 물리학자인 예키모프는 양자역학의 법칙에 대해 잘 알고 있었기에 크기에 따른 양자 효과를 관찰했다는 사실을 금방 깨달았습니다.

크기에 따라 양자 효과를 일으키는 나노입자인 양자점을 의도적으로 만드는 데 처음 성공한 것이었지요. 1981년 예키모프는 자신의 발견을 과학 저널에 발표했지만, 냉전 시대 철의 장막 반대편에 있는 연구자들은 이에 접근하기 어려웠습니다.

2023년 노벨 화학상의 두 번째 수상자인 루이스 브루스는 알렉세이 예키모프의 발견을 알지 못한 채 양자점 연구에 매진하지요.

루이스 브루스, 용액에서 발견한 입자의 이상한 특성

루이스 브루스는 1943년 미국 오하이오주에서 태어나 캔자스에서 고등학교 시절을 보내면서 화학과 물리학에 매력을 느끼기 시작했다고 합니다. 장학금을 받고 텍사스주 휴스턴에 있는 라이스대학교에 입학해 화학과 물리학에 비로소 발을 들여놓게 되지요.

다양한 과학을 탐구하던 그는 물리 · 무기 · 화학 분야의 선구자인 존 마그레이브를 만나면서 더욱 영역을 넓혀나갑니다. 브루스는 마그레이브의 멘토링을 통해 고온 증기 종의 광학 분광학이라는 난해한 기술을 배우며 나노과학과 재료 화학 분야의 초석을 세웠습니다. 그리고 1980년대 초 브루스의 관심은 고체 영역에서 유동적이고 복잡한 액체 영역으로 바뀝니다. 그 결과 액체에서 자유롭게 떠다니는 입자의 크기에 따른 양자 효과를 증명한 최초의 과학자가 되지요.

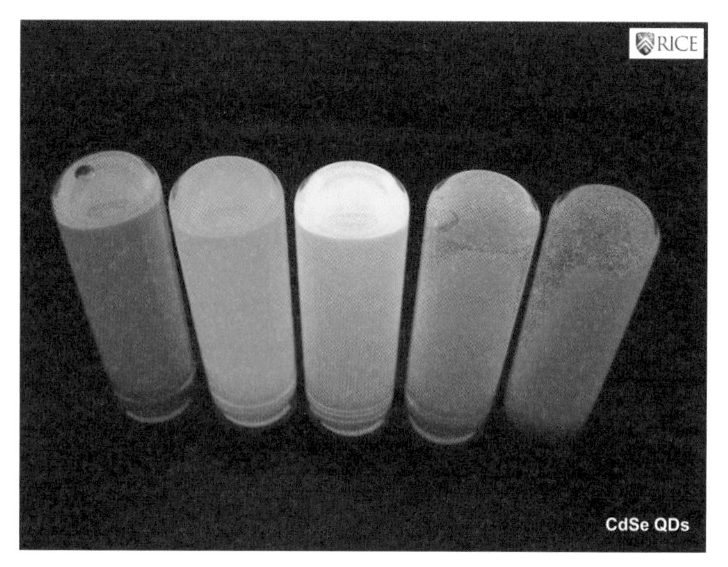

다양한 색상을 발하는 양자점. © RICE

1980년대 벨 연구소에서 일하던 브루스는 당시 반도체 입자의 용액을 연구하다가 우연히 양자점을 발견하게 됩니다. 그는 실험실에서 태양 에너지를 이용해 화학 반응을 일으키는 연구를 진행하고 있었습니다. 빛을 흡수하고 화학 반응을 촉진하는 데 도움이 되는 것으로 알려진 작은 황화카드뮴 입자를 용액에 뜨게 하는 실험을 진행 중이었습니다. 브루스는 입자를 매우 작게 만들어 용액에 넣었습니다. 입자를 최대한 작게 만들어 주변 환경에 노출되는 표면적을 더 크게 만들려고 했지요.

그런데 그가 실험실을 비웠다가 다시 돌아와 보니 용액의 색상이 바뀌었습니다. 용액을 잠시 놓아둔 사이 입자의 광학적 특성이 변한 것이지요. 그는 황화카드뮴 입자의 크기가 커져서 발생했다고 추측했지요.

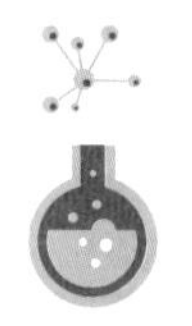

이를 확인하기 위해 직경이 약 4.5나노미터인 황화카드뮴 입자를 생성했습니다. 그런 다음 직경이 약 12.5나노미터인 더 큰 입자를 가진 샘플과 광학 특성을 비교했습니다. 더 큰 입자는 일반적으로 황화카드뮴과 동일한 파장의 빛을 흡수하지만, 더 작은 입자는 흡수하는 빛이 파란색 쪽으로 이동하는 경향을 나타냈습니다.

나노입자 합성하는 콜로이드 용액 공정법

브루스는 이러한 변화를 보며 콜로이드 용액 속 아주 작은 크기의 입자가 성질이 바뀐다는 것을 알아차렸습니다. 콜로이드란 매우 작은 입자로 이뤄진 물질이 기체 · 액체 · 고체 속에 분산되어 있는 상태를 말합니다. 그가 만든 입자는 빛을 흡수하여 다른 파장에서 방출하는 일종의 나노입자입니다. 바로 양자점을 발견한 것이지요.

예키모프가 유리 속에서 동일한 물질인 염화구리가 크기에 따라 서로 다른 파장의 빛을 흡수한다는 것을 발견했듯이, 브루스 또한 황화카드뮴 입자가 결정이 작아짐에 따라 흡광도가 더 짧은 파장 쪽으로 이동하는 것을 발견한 것이지요. 유리 속에서 만든 양자점은 밖으로 꺼내어 활용하기 어려웠지만, 브루스는 용액 속에서 양자점을 만드는 데 성공하며 양자점을 활용할 수 있는 길을 좀 더 열었습니다.

여기서 잠깐, 양자점 결정은 우리 머리카락 너비의 수만 분의 1에 불과한 크기인데, 우리가 양자점 결정을 어떻게 보고 입자의 차이를 알 수 있을까요? 양자점은 빛의 파장보다 작기 때문에 광학현미경으로는 볼 수 없습니다. 전자현미경과 같은 다른 유형의 특수 현미경을 사용하여 관찰해야만 하지요.

그러나 이를 더 쉽게 입증하는 방법은 서로 다른 크기의 양자점이

들어 있는 용액을 유리 플라스크에 넣고 한 줄로 늘어놓는 것입니다. 그러면 서로 다른 색상 비교를 통해 서로 다른 크기의 양자점의 존재를 확인할 수 있지요. 이러한 방법을 알게끔 해 준 것 또한 브루스의 성과입니다.

입자가 작을수록 파란색을 띠는 원리

콜로이드 용액에서 나노입자의 양자 효과를 발견한 데 이어 브루스는 양자점이 크기에 따라 다양한 색을 나타내는 이유를 이론적으로 설명한 공로도 있습니다. 반도체는 전압이나 열, 빛을 가하면 전기 전도도가 변하거나 빛을 발하는 성질의 물질입니다.

반도체 원자에 에너지가 가해지면 원자에 묶여 있던 전자가 외부에서 준 에너지를 받고 원자를 벗어날 수 있게 됩니다. 원자에 묶여 있는 상태인 '가전자대'에서 원자를 벗어난 상태인 '전도대'로 이동하는 것이

양자점이 들어 있는 용액을 유리 플라스크에 넣고 색상을 비교해 보면 서로 다른 크기의 양자점을 확인할 수 있다.
© NASA

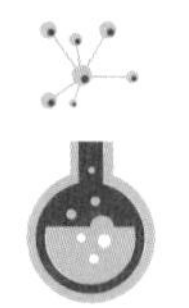

지요. 이때 가전자대에는 전자가 벗어난 자리에 '정공'이라는 구멍이 생깁니다.

그런데 반도체의 크기를 수 나노미터 수준으로 줄이면 전자와 정공이 움직일 공간이 제한되고, 이 둘이 전기적인 인력에 의해 좁은 공간에 묶이게 됩니다. 이를 양자구속효과라 부르지요. 전자의 움직임이 '구속', 즉 제한되는 것을 의미합니다.

반도체 나노입자의 크기가 작아질수록 전자와 정공이 움직일 공간은 더 줄어들겠지요. 양자구속효과 또한 더 강해집니다. 그러면 전자가 원자를 벗어나는 데 더 큰 에너지가 필요해집니다. 그래서 에너지를 흡수한 반도체 나노입자는 점점 더 큰 에너지에 해당하는 빛을 발하게 되는 것입니다.

가시광선 영역에서 빛은 에너지가 클수록 푸른색을, 에너지가 작을수록 붉은색을 나타냅니다. 방출된 빛의 주파수는 에너지에 비례하기 때문에 에너지가 높은 작은 입자는 더 높은 주파수(더 짧은 파장)를 생성합니다. 더 큰 입자는 더 가까운 간격의 에너지 레벨을 가지므로 더 낮은 주파수(더 긴 파장)를 제공합니다.

과학자들은 바로 이 점을 이용해 크기를 조절해가며 양자점의 다양한 색을 낼 수 있지요. 브루스는 1983년에 이러한 발견을 논문으로 발표한 뒤, 다양한 다른 물질로 만들어진 입자를 조사하기 시작했습니다. 패턴은 동일했습니다. 입자가 작을수록 흡수하는 빛은 더 파란색이었습니다.

여기서 근본적인 질문을 하나 해보겠습니다. 입자가 작을수록 물질의 흡광도가 파란색에 조금 더 가깝다는 게 왜 놀라운 일일까요? 바로 광학적 변화를 통해 물질의 특성이 완전히 바뀌었다는 것을 알 수 있

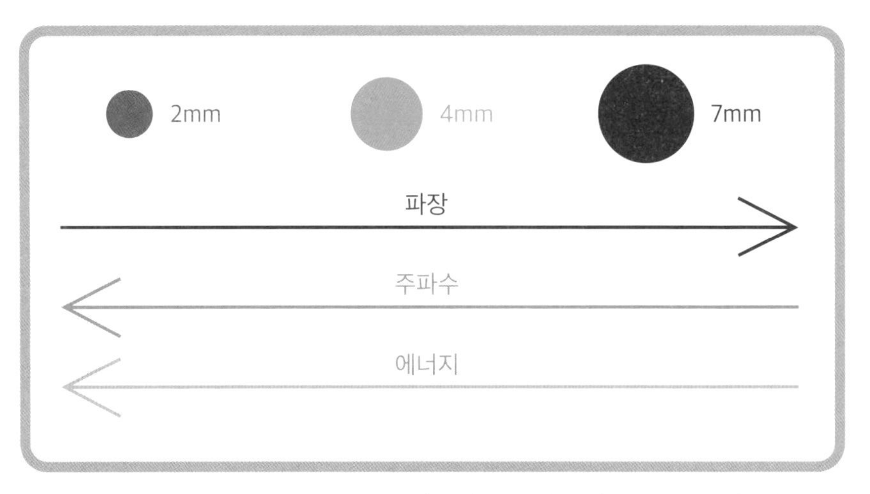

양자점은 크기가 작으면 더 짧은 파장, 더 높은 주파수 , 더 푸른 빛을 생성하고, 크기가 크면 더 긴 파장, 더 낮은 주파수, 더 붉은 빛을 생성한다.
ⓒ explainthatstuff

기 때문입니다. 물질의 광학적 특성은 전자의 활동에 의해 결정됩니다. 동일한 전자가 화학 반응을 촉매하거나 전기를 전도하는 능력 등의 특성도 변화시킬 수 있지요. 따라서 물질이 흡수하는 빛이 달라졌다는 건 원칙적으로 완전히 새로운 물질이 발견됐다는 것을 의미합니다.

예키모프와 브루스, 이처럼 두 과학자는 냉전 시대를 관통하며 한 번도 만나보지 못한 채 서로 다른 공간에서 양자점을 발견하게 되지요. 이러한 발견은 양자 효과를 활용하여 다양한 물질의 특성을 제어할 수 있음을 보여주면서 과학계를 전율시켰습니다. 그러나 원하는 크기와 순도의 양자점을 만드는 것이 큰 장애물로 남아 있었습니다.

브루스가 비입자를 제작하는 데 사용한 방법은 일반적으로 예측할 수 없는 품질을 초래했습니다. 양자점은 아주 작은 결정체라서 생산 과정에서 결함이 발생하는 경우가 많습니다. 균일하지 않은 크기도 문제였지요. 크기가 균일한 양자점을 합성하는 건 양자점이 상용화되기 위

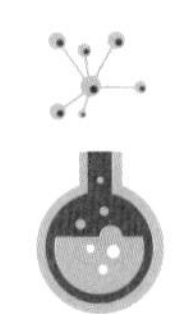

한 핵심 과제였습니다.

양자점 생산 혁명을 일으킨 모운지 바웬디

2023년 세 번째 노벨 화학상 수상자인 바웬디가 이 문제를 해결하기 위해 등장합니다. 바웬디는 1988년 루이스 브루스의 연구실에서 박사후연구원 제자로 일하며 양자점 생산 방법을 개선하기 위한 연구에 매진했지요. 입자의 크기를 제어해 완벽한 양자점 입자를 만드는 방법을 찾기 위해서였습니다. 다양한 용매, 온도 및 기술을 사용하여 나노결정을 형성하는 실험을 했어요. 그 결과 결정체는 점점 좋아지고 있었지만 충분하지는 않았지요.

바웬디는 포기하지 않고 더 높은 품질의 나노입자를 생산하기 위한 노력을 계속했습니다. 1993년 MIT에서 바웬디는 고품질 셀렌화카드뮴 양자점을 형성하는 데 집중했습니다. 바웬디는 물 대신에 끓는 기름과 섭씨 300도 이상의 높은 온도를 견딜 수 있는 계면활성제 용액을 사용했습니다.

계면활성제는 물에 녹기 쉬운 친수성 부분과 기름에 녹기 쉬운 소수성 부분을 가지고 있는 화합물로 비누나 세제를 생각하면 됩니다. 바웬디는 이 비눗물을 고온으로 가열하고 여기에 주사기를 통해 매우 분해되기 쉬운 유기금속 전구체와 음이온 전구체 혼합용액을 주입했습니다. 전구체는 화학반응에 참여해 최종 물질을 만드는 재료를 말합니다.

먼저 뜨거운 용매에 셀렌화카드뮴을 형성할 수 있는 물질을 주입했습니다. 바로 셀렌화카드뮴의 작은 결정이 형성되었지만, 찬 용매의 주입으로 인해 온도가 내려가 결정 형성이 멈췄습니다. 하지만 바웬디가 다시 온도를 높이자 결정이 다시 자라기 시작했습니다.

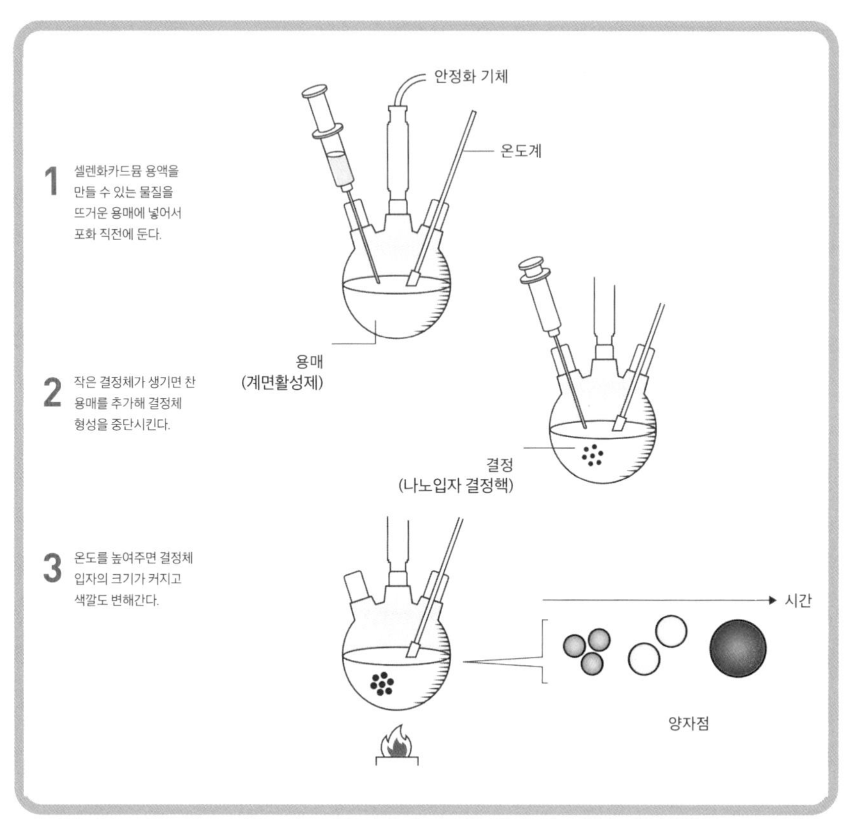

바웬디가 양자점을 생산한 기법. © 노벨위원회

오래 둘수록 결정은 일관된 구조와 모양을 갖고 성장했습니다. 양자점 결정의 핵을 만든 후 온도를 낮춰서 이 핵이 원하는 크기로 성장하도록 해 크기가 균일한 양자점을 만들 수 있습니다. 고온 주입법을 통한 열분해 반응으로 최초의 고품질 양자점을 생산한 것이지요. 바웬디는 이렇게 입자를 만들고 그 크기를 나노 규모로 정밀하게 제어할 수 있는 방법을 찾아 양자점 연구의 기회를 활짝 열었습니다.

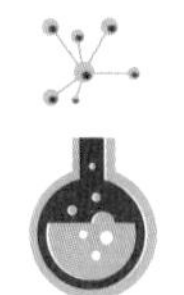

코로나 진단부터 TV까지, 양자점의 미래

바웬디는 양자점을 제조할 수 있는 방법을 찾음으로써 나노입자의 활용 가능성을 열었습니다. 양자 나노기술이 갖고 있는 잠재력은 엄청납니다. 통신, 컴퓨팅, 에너지에서 의학에 이르기까지 모든 것을 변화시킬 수 있지요. 대량의 나노 결정을 일관되게 생산할 수 있다면 촉매작용부터 전자공학, 포토닉스(광학기술), 정보 저장, 의학 및 감지를 포함한 여러 응용 분야에서 양자점을 효과적으로 활용할 수 있습니다.

먼저 바이러스나 박테리아보다 작은 인공 나노 결정을 체내에 주입하면 특정 세포나 조직을 골라내는 데 활용할 수 있습니다. 양자점은 형광으로 빛나기 때문에 병원균을 탐지하는 물질과 결합하면 병원균이나 암세포의 위치를 정확히 파악할 수 있습니다. 생물 분석이나 라벨링(표지 부착)에 유용하지요. 양자점을 통해 세포 과정을 연구할 수 있으며 암과 같은 질병의 진단 및 치료법을 크게 향상시킬 수 있습니다.

또 분석물과의 반응에 따라 변화하는 양자점의 형광 특성을 이용하면 항체를 개발하는 데에도 도움이 됩니다. 코로나19나 B형 간염 같은 전염병을 감지하는 데 활용할 수 있지요. 현재 카드뮴과 같은 독성 물질 대신 무독성이면서 생체적합성이 있는 나노소재의 개발이 중요한 이슈로 대두되고 있습니다.

가장 일반적으로 알려진 양자점의 용도는 TV 화면 같은 디스플레이입니다. 양자점은 광활성과 전기활성을 동시에 지닌 독특한 물리적 성질을 갖고 있기 때문에 차세대 디스플레이의 핵심으로 떠오르고 있습니다. 모니터에 양자점으로 만든 발광층을 도입하면 화면이 더 밝아지고 색상이 선명해집니다. 국내기업 삼성과 LG뿐 아니라 많은 기업이 QLED TV를 출시했지요.

양자점 연구는 TV나 PC 모니터 화면에도 적용할 수 있다.

양자점 기반 소재는 기존의 유기발광 다이오드(OLED)에 사용되는 소재에 비해 색상이 더 순수하고 수명이 깁니다. 제조원가가 낮고 소비전력도 낮다는 장점이 있어요. 또 양자점이 거의 모든 기판에 증착될 수 있기 때문에 크기나 형태 면에서 더욱 유연한 디스플레이를 실현할 수 있습니다.

태양전지 제조에도 양자점을 사용할 수 있는데요. 양자점 태양전지는 기존 태양전지보다 가볍고 만드는 방법이 간단합니다. 양자점을 사용하면 실리콘처럼 풍부하고 저렴한 재료로 만들 수 있으며, 경량 플라스틱과 같은 유연한 기판에 적용할 수 있다는 장점이 있지요. 조명의 색상을 매우 정밀하게 변경하고 다양한 파장의 빛을 흡수하도록 조정할 수 있기 때문에 고효율의 맞춤형 태양 전지를 제조할 수 있습니다.

최근 몇 년간 급속히 주목을 받고 있는 분야인 양자 컴퓨팅에도 양자점이 중요한 역할을 합니다. 양자 컴퓨터는 지금의 컴퓨팅 시스템을 뛰어넘어 데이터 처리 및 분석 방식에 혁명을 가져올 것으로 기대되는데요. 나노 크기의 반도체 입자는 양자 컴퓨팅 응용 분야에 사용하기에 이상적인 전자 및 광학 특성을 나타냅니다.

결과적으로 양자점은 크기, 모양, 구성을 조정하여 특성을 인위적으로 제어할 수 있다는 장점이 있습니다. '인공 원자'라고 불리는 이유지요. 본질적으로 반도체 나노입자인 이 중요한 입자는 전기 에너지를 빛 에너지로 변환하거나 그 반대로 변환할 수 있습니다.

무한히 작은 것을 바라보며

천재 물리학자 리처드 파인만은 1959년 칼텍에서 열린 미국물리학회에서 '바닥에는 충분한 공간이 있다'라는 제목의 강연을 했습니다. 이 강연을 통해 파인만은 나노 단위 크기에 브리태니커 백과사전을 전부 기록하거나, 세포 크기의 물체를 만들 수 있게 될 거라는, 당시로서는 놀라운 상상을 했지요. 그는 아직 발견되지 못한 미개척 분야인 나노 세계에 대한 가능성을 알리고자 했습니다.

2023년 노벨 화학상을 수상한 과학자들은 미지의 나노 세계인 양자 영역으로 가는 문을 연 선구자들이나 다름없습니다. 그런 점에서 이번 노벨상은 과거의 공헌뿐 아니라 미래에 미칠 수 있는 영향까지 고려해 선정되었다고 할 수 있습니다. 이미 TV 디스플레이나 의료 분야 등에서 두각을 나타내고 있지만, 아직 양자점은 잠재력을 완전히 실현하지 못했다고 할 수 있지요. 미래에 양자점을 어떻게 활용할지, 우리 상상의 한계부터 뛰어넘어야 할 때입니다.

확인하기

2023년 노벨 화학상을 수상한 과학자들이 이룬 성과와 업적에 관한 이야기를 잘 읽었나요? 알렉세이 예키모프가 색유리를 통해 불순물 입자의 크기가 수 나노미터 정도로 작아지면 크기에 따라 특정한 색깔의 빛을 방출하는 양자점이 된다는 사실을 처음 발견했지요. 브루스는 용액 속에서 양자점을 만드는 데 성공했습니다. 그리고 바웬디 교수는 원하는 크기의 양자점을 만들 수 있는 제조 방법을 개발해 양자점이 실생활에 쓰일 수 있는 기틀을 닦았지요. 이들의 노력을 친구들이 잘 이해했는지, 다음 문제를 풀면서 확인해 보세요.

01 다음 중 2023년 노벨 화학상 수상자가 아닌 인물은?

① 헤르베르트 프뢰리히

② 알렉세이 예키모프

③ 루이스 브루스

④ 모운지 바웬디

02 다음 중 노벨 화학상을 수상한 양자점 연구에 대한 설명으로 틀린 것은?

① 양자점은 양자역학이 적용되는 아주 작은 크기의 반도체 입자를 뜻한다.

② 원자나 분자보다 작은 수 나노미터 단위의 나노 세계를 연구했다.

③ 이들 세계에서는 우리가 눈으로 보고 직관적으로 생각하는 것과 동일한 방식으로 움직인다는 것을 확인했다.

④ 양자점은 동일한 원자 배열을 가지고도 입자 크기만으로 다른 색상을 나타낼 수 있다.

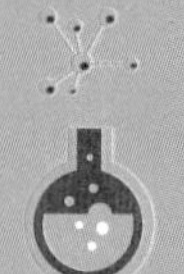

03 다음 중 양자점의 발견에 대한 설명으로 맞는 것은?

① 헤르베르트 프뢰리히는 1930년대 양자점을 처음 발견하고 나노 크기로 물질을 압축하는 방법을 입증했다.

② 알렉세이 예키모프는 고대 색유리 제조 방법과는 다른 방식으로 양자점을 연구했다.

③ 루이스 브루스는 양자점을 대량 생산하는 방법을 고안해 상용화의 길을 열었다.

④ 모운지 바웬디는 고온 주입법을 통한 열분해 반응으로 최초의 고품질 양자점을 생산했다.

04 다음 중 양자점에 대한 설명으로 틀린 것을 고르세요.

① 양자역학의 기본 원리는 물체가 입자나 파동처럼 행동할 수 있다는 것이다.

② 화학적 결합 대신 재질의 크기만 변경함으로써 흡수하고 방출하는 빛의 파장을 결정할 수 있다.

③ 작은 입자는 더 큰 에너지로 빨간색을 띠고, 크기가 큰 입자는 파란색으로 빛난다.

④ 과학자들은 양자점의 크기를 제어함으로써 결정을 모든 색상으로 만들 수 있게 됐다.

05 다음 빈 칸에 공통적으로 들어갈 단어는 무엇일까요?

> 양자점은 전자를 3차원으로 가둘 수 있으며, 특정 파장의 빛을 방출할 수 있습니다. 이를 이해하기 위해서는 작은 _____를 생각하면 쉽습니다. 전자를 작은 _____에 넣어 압축시키면, 전자는 그 속에서 활동하며 _____의 내부 측면에 부딪혀 빛을 발합니다.

① 담요
② 상자
③ 접시
④ 빨대

06 다음 중 양자점을 발견한 루이스 브루스의 연구에 대한 설명으로 틀린 것은?

① 액체에서 자유롭게 떠다니는 입자의 크기에 따른 양자 효과를 증명한 최초의 과학자다.
② 용액 속 황화카드뮴 입자의 크기에 따라 다른 파장의 빛을 흡수한다는 것을 발견했다.
③ 예키모프와 브루스는 비슷한 시기 서로의 연구를 참고해 자신의 연구를 발전시켜 나갔다.
④ 그의 연구로 특정한 조건에서 서로 다른 색상 비교를 통해 양자점의 존재를 확인할 수 있게 되었다.

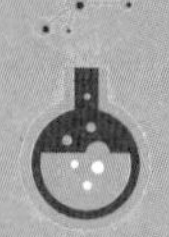

07 다음의 설명에서 ( )에 들어갈 말을 순서대로 고른 것은?

> 양자점이 매력적이면서도 특이한 이유는 (㉠)에 따라 광학적, 전기적, 자기적 특성과 녹는점까지 변경할 수 있다는 점 때문이다. 양자점은 입자의 (㉠)에 따라 (㉡)도 달라진다.

① ㉠ 크기 ㉡ 색상
② ㉠ 색상 ㉡ 크기
③ ㉠ 온도 ㉡ 색상
④ ㉠ 크기 ㉡ 온도

08 다음 중 양자점 입자의 크기에 따라 변화하는 색상의 순서를 올바르게 나열한 것을 고르세요.

2나노미터	5나노미터	7나노미터
ⓐ	ⓑ	ⓒ

① ⓐ 초록색 ⓑ 파란색 ⓒ 빨간색
② ⓐ 파란색 ⓑ 빨간색 ⓒ 초록색
③ ⓐ 빨간색 ⓑ 초록색 ⓒ 파란색
④ ⓐ 파란색 ⓑ 초록색 ⓒ 빨간색

09 다음 중 모운지 바웬디의 연구에 대한 설명으로 틀린 것은?

① 입자의 크기를 제어해 완벽한 양자점 입자를 만드는 방법을 찾는 연구를 했다.

② 섭씨 300도 이상의 높은 온도를 견딜 수 있는 순수한 물을 용매로 사용했다.

③ 양자점 결정의 핵을 만든 후 온도를 낮춰서 원하는 크기로 성장하도록 해 크기가 균일한 양자점을 만들 수 있었다.

④ 양자점을 제조할 수 있는 방법을 찾음으로써 나노입자의 활용 가능성을 열어준 공로로 노벨상을 수상했다.

10 다음 중 양자점이 활용되는 분야를 틀리게 설명한 것은?

① 양자점은 빛을 내는 다른 화학물질에 비해 상대적으로 수명이 더 길고 생산 비용도 저렴하다.

② 양자점이 암세포와 같은 특정 세포에 달라붙어 빛을 발하면, 의사가 이를 표적하기에 쉽다.

③ 모니터에 양자점으로 만든 발광층을 도입하면 화면이 더 밝아지고 색상이 선명해진다.

④ 양자점 태양전지는 기존 실리콘 태양전지보다 무겁고 만드는 방법이 어렵다.

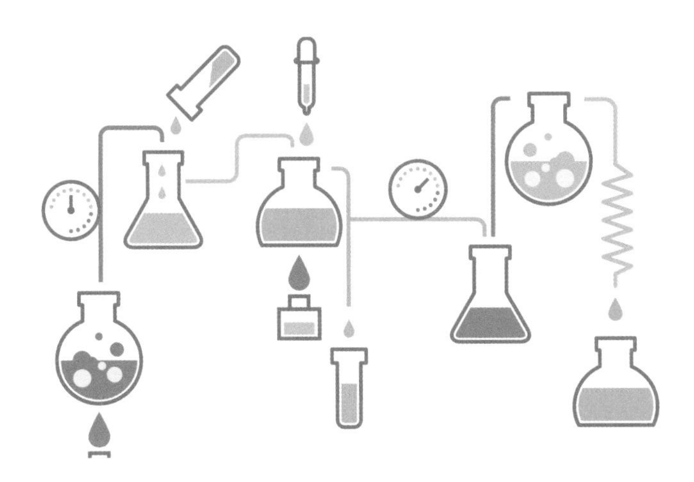

와, 벌써 다 풀었나요?
정답은 아래쪽에 있어요!

정답

1 ①
2 ③
3 ④
4 ③
5 ②
6 ③
7 ①
8 ④
9 ②
10 ④

4

2023 노벨 생리의학상

2023 노벨 생리의학상, 수상자 두 명을 소개합니다!
몸풀기! 사전 지식 깨치기
본격! 수상자들의 업적
확인하기

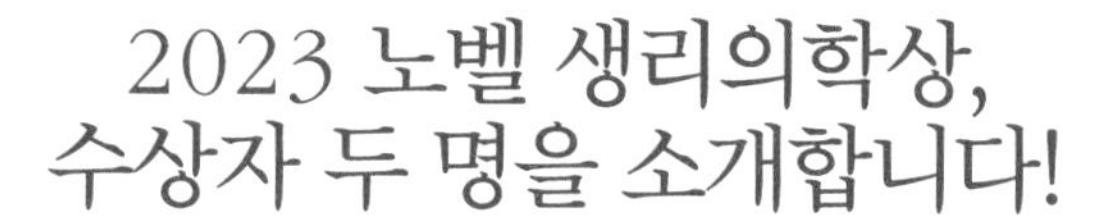

2023 노벨 생리의학상, 수상자 두 명을 소개합니다!

커털린 커리코, 드루 와이스먼

2023년 노벨 생리의학상은 코로나19에 맞서 빠르고 효과적으로 전령(m)RNA 기반 백신을 개발하는 원동력이 된 원천 과학 지식을 발견한 커털린 커리코 바이오엔테크 수석부사장과 드루 와이스먼 미국 펜실바이아대학교 의대 교수에게 돌아갔습니다.

이들은 mRNA의 뉴클레오사이드를 이루는 염기를 일부 변형하면 mRNA 기반 백신의 부작용인 염증 작용은 줄어들고 감염균이나 암 등과 싸우는 항체 단백질은 더 많이 형성된다는 점을 처음 발견하였습니다. mRNA를 활용하여 백신이나 치료제를 만들려는 시도는 꽤 오래전부터 이뤄졌으나 여러 문제와 부작용 때문에 좀처럼 진전을 보지 못했습니다. 하지만 커리코 부사장과 와이스먼 교수의 노력 덕분에 이 같은

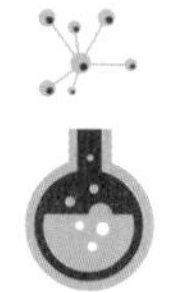

2023 노벨 생리의학상 한 줄 평

"mRNA 백신을 빠르게 생산해
코로나19 팬데믹에 맞서 인류를 지킨
원천 기술을 개발하다"

커털린 커리코

·1955년 헝가리 스졸녹 출생.
·1982년 헝가리 세게드대학교 박사 학위 취득.
·1985년 미국 템플대학교 박사후연구원.
·1989년 펜실바니아대학교 조교수.
·2013년 바이오엔테크 입사.
·2021년 세게드대학교 교수, 펜실바니아대학교 외래교수.
·2022년 생명과학 혁신상(Breakthrough Prize in Life Science) 수상.

드루 와이스먼

·1959년 미국 매사추세츠주 렉싱턴 출생.
·1987년 보스턴대학교 박사 학위 취득.
·1997년 펜실바니아대학교 교수.
·2021년 라스커-드베이키 임상의학연구상(Lasker-DeBakey Clinical Medical Research Award) 수상.
·2022년 생명과학 혁신상(Breakthrough Prize in Life Science) 수상.

문제를 극복하고 mRNA 활용 치료법이 발전할 수 있었습니다. 두 사람의 연구는 mRNA가 신체의 면역 체계와 어떻게 상호 작용하는지에 대해 보다 깊고 풍성하게 이해할 수 있게 해 주었습니다.

보다 중요한 것은 이들의 연구가 2020년 시작된 코로나19 팬데믹을 맞아, 인류가 전례 없이 빠른 속도로 예방 백신을 만들 수 있던 기반이 되었다는 것입니다. 기존 방식으로 백신을 만들면 보통 개발과 임상 실험을 거쳐 세상에 나오기까지 10년 이상 시간이 걸리곤 합니다. 거대한 제조 시설이 필요해 백신을 대량생산하기도 쉽지 않습니다.

코로나19가 퍼지기 시작할 무렵, 통상적인 방법으로 백신 개발을 시작했다면 아마 사람들이 코로나19 예방 접종을 맞게 되기까지 10년 이상 시간이 걸렸을 것입니다. 하지만 코로나19가 세계를 급속도로 덮치면서 많은 희생자를 내고 있던 상황이라 그렇게 오래 기다릴 여유가 없었지요. 새롭게 등장한 감염병의 위협 앞에 인류가 대책을 내놓아야 했던 상황이었습니다. 이런 상황에서 결정적 기여를 한 것이 커리코 부사장과 와이스먼 교수의 연구입니다. 그들은 빠르게 백신을 설계하고 대량생산할 수 있다는 장점을 지닌 mRNA 기술을 오래전부터 연구해 왔고, 급박한 코로나19 위기를 맞아 이 기술의 잠재력은 활짝 피어났습니다.

2019년 말 중국 우한에서 코로나19가 처음 발생한 뒤, 1년 남짓한 2020년 12월 첫 코로나19 백신을 사람들에게 접종할 수 있었습니다. 이는 발생 초기부터 세계 과학자들이 코로나19 바이러스의 구조와 유전 정보를 공유하고, 미국 등 세계 주요 국가들이 백신 개발에 막대한 자금 지원을 하고 관련 승인 과정도 빠르게 처리하는 등 한마음으로 코로나19와 싸웠기 때문에 가능했습니다. 그리고 그 중심에 2023년 노

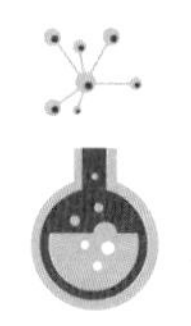

벨상 수상자 두 사람의 연구가 핵심 역할을 한 것이죠.

커리코 부사장과 와이스먼 교수의 연구는 mRNA를 활용한 백신과 치료제를 만들어 질병을 정복할 수 있는 새로운 길을 열었습니다. 이로써 인류는 코로나19는 물론 앞으로 다가올 새로운 감염병 팬데믹에 맞서 싸울 수 있는 도구를 얻은 셈입니다.

몸풀기! 사전지식 깨치기

2020년 코로나19 팬데믹이 시작되면서 우리의 삶은 크게 바뀌었습니다. 항상 마스크를 쓰고 다녀야 했고, 학교에 가지 않고 화상회의 앱을 이용해 온라인 수업을 했습니다. 직장인들은 사무실에 출근하는 대신 재택근무를 했습니다. 식당이나 카페도 마음 놓고 다닐 수 없었습니다. 이로 인해 자영업을 하던 많은 분이 생계에 큰 피해를 입었습니다. 모두들 수시로 코로나19에 걸리지 않았나 PCR 검사를 해야 했고, 코로나19 예방 접종을 맞았습니다. 2019년 말 중국 우한 지역에서 새로운 종류의 감염병이 등장했다는 소식이 흘러나온 뒤 전 세계에 퍼지기까지 불과 몇 개월이 채 걸리지 않았습니다.

새로운 감염병은 보통 그 위력을 가늠하기 어렵고 초기에는 치료법도 뚜렷하지 않기 때문에 크게 경계를 할 수밖에 없습니다. 특히 발생 초기에는 사람들이 그 바이러스에 노출된 적이 없어 면역을 갖고 있지 않아 피해가 더 큽니다. 근대에 들어서 세균에 의해 감염병이 일어나는 원리가 밝혀지고, 예방을 위한 백신과 치료를 위한 항생제 등이 개발되면서 감염병으로 희생되는 사람들의 수는 크게 줄었습니다. 하지만 과거에는 전염병은 때로 국가의 흥망이나 사회 구조의 변화를 일으킬 만큼 인류에 큰 영향을 미쳤습니다.

감염병 대 인류, 그 오랜 싸움의 역사

2세기 로마에서는 아마 천연두나 홍역이었을 것으로 보이는 '안토니우스역병'이 돌아 1천만 명이 사망했습니다. 이는 결국 로마의 멸망에까지 영향을 미친 사건으로 역사학자들은 평가하기도 합니다. 14세기 유럽에선 흑사병이 대유행하여 인구의 3분의 1이 사망하는 참극이 벌어졌습니다. 당시 사망자는 7500만 명에서 2억 명 정도로 추정됩니다. 흑사병은 더러운 환경에서 서식하는 쥐를 통해 전염되는데, 그때에는 이런 사실을 몰랐기 때문에 적절한 조치를 하지 못했습니다. 하도 인구가 많이 줄어 영주와 농노로 이뤄진 유럽의 봉건 제도가 무너지고, 영주의 권한이 약해지면서 근대 사회로 넘어가는 중요한 계기가 되었습니다.

20세기 초반 제1차 세계대전과 비슷한 시기에 창궐한 '스페인독감'은 전 세계에서 5천만 명에서 1억 명의 목숨을 앗아갔습니다. 반면 1차 세계대전으로 인한 사망자는 850만 명에서 1500만 명 정도입니다.

우리나라 조선왕조실록에도 전염병이 전국에 돌아 50만에서 60만 명의 사망자가 나왔다는 기록이 있습니다. 더러운 물을 통해 전염되는 수인성 감염병인 콜레라였는데, 당시엔 호열자라고 불렀습니다.

이후 과학이 발전하여 감염과 미생물에 대한 이해가 높아지면서 인류는 점차 감염병의 위협에서 벗어날 수 있었습니다. 1796년 영국의 에드워드 제너가 종두법을 개발해 천연두 예방에 성공한 것이 중요한 전환점이었습니다. 제너는 목장에서 우유 짜는 일을 하는 여인들이 소의 천연두인 우두에 감염되어 가볍게 앓으면 이후 천연두에 걸리지 않

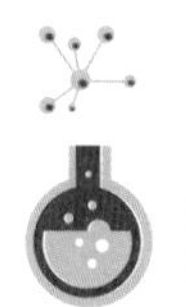

는다는 사실에 착안해, 우두균을 사람에 접종하는 종두법을 만들었습니다. 병을 일으키는 세균을 이용해 면역력을 높이는 최초의 백신이었습니다. 이제 천연두는 완전히 사라져 찾아볼 수 없는 병이 되었을 정도입니다.

이후 19세기 들어 파스퇴르가 미생물의 정체를 규명하는 연구를 수행하면서 인류는 세균과 같은 미생물이 질병을 일으키는 원리를 보다 잘 이해하게 되었고, 본격적인 예방 의학의 시대가 열립니다. 주요 질병에 대한 백신을 만들어 예방 접종을 함으로써 생명을 위협하는 감염병을 퇴치할 수 있게 되었습니다.

이에 따라 인류는 감염병의 위협에서 상당 부분 자유로워질 수 있었습니다. 1900년 사람들의 사망 원인 1위부터 3위는 폐렴, 결핵, 설사 및 장염으로, 모두 감염병 또는 감염병으로 인한 증상이었습니다. 반면 1997년에는 이들 3가지가 순위권에서 사라지고 심장병, 암, 뇌졸중 등이 가장 큰 사망 원인으로 떠오릅니다. 감염에 의한 위험이 크게 줄어들고 대신 생활 습관 등에 따른 성인병의 위험이 커진 것이지요.

하지만 인류와 감염병의 싸움이 아직 끝났다고 보기는 어렵습니다. 새로운 감염병들이 계속 생겨나고 있기 때문입니다. 특히 교통과 통신이 발달한 세계화 시대를 맞아 지구 한 곳에서 발생한 감염병이 곧 세계 전체로 퍼져버릴 수 있게 되었기 때문에 위험은 더욱 커졌습니다. 동물들에게 병을 일으키는 세균이나 바이러스들이 있는데, 이들은 보통 본래 영향을 미치는 동물에게만 감염을 일으킵니다. 하지만 때로는 이런 감염원이 변이를 일으켜 사람을 감염시킬 수 있는 형태로 바뀌기도 합니다. 이를 '인수감염(人獸感染)'이라고 합니다. 코로나19 바이러스도 본래 박쥐를 숙주로 하는 바이러스인데, 우한의 야생동물 시장에서 사람에게 옮겨간 것으로 추정됩니다. 이런 일은 산림을 개간하거나 농지를 확대하는 등 사람이 동물의 활동 영역을 침범하면서 동물과 사람의 접촉이 늘어남에 따라 점점 더 많아질 전망입니다.

기후변화도 문제입니다. 과거에는 가을에 서늘했던 지역도 이제는 더위가 이어지는 경우가 많습니다. 기후변화로 온도가 올라가면서 전염병을 옮기는 매개체인 모기나 진드기 같은 동물의 서식지가 확대되는 추세입니다. 세계적으로 뎅기열, 지카, 황열병 등이 번지고 있습니다. 세계보건기구(WHO)에 따르면, 뎅기열 환자는 2000년 50만 명 수준이었지만, 2022년에는 8배 늘어 420만 명이 되었습니다. 사람과 동물이 접할 공간이 늘어나며 인수감염 가능성이 높아지고, 세계가 촘촘한 항공망으로 연결되어 사람들의 이동이 활발해지면서 감염병은 급속하게 세계로 번져 나갈 수 있게 되었습니다. 과학계에서는 2050년까지 코로나19 팬데믹 같은 상황이 또다시 발생할 확률은 50퍼센트가 넘을 것이란 예측도 나옵니다.

이 같은 감염병 위협에 대응하기 위해서는 백신이 중요합니다. 새롭게 등장하고 빠르게 확산하는 감염병에 맞서 백신 개발 역시 짧은 시간 안에 효율적으로 이뤄져야 합니다. 하지만 백신 개발과 생산이 쉬운 일은 아닙니다.

주요 백신 제조 방식과 한계

감염병을 일으키는 세균 등 신체에 위협이 되는 요소가 나타나면 우리 몸은 이에 맞서 면역 반응을 일으킵니다. 문제를 일으키는 항원에 대해 몸이 항체를 만들어내면서 면역이 일어나 위협을 물리치는 것이지요. 면역 체계는 우리 몸을 지키는 군대와 같다고 할 수 있습니다. 한

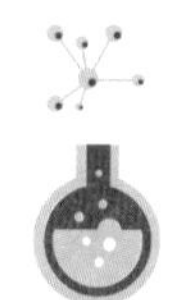

번 몸에 들어와 싸운 적이 있는 감염원은 면역 체계가 기억해 두었다가 나중에 다시 몸에 들어오려 할 때 빠르게 면역 반응을 일으킵니다.

백신은 특정한 병원균에 대해 인체가 면역 반응을 일으키게 함으로써 후에 병원균에 노출되었을 때 질병에 맞서 싸울 준비를 하게 하는 역할을 합니다. 보통 백신은 면역을 일으키고자 하는 병원균을 죽이거나 약화시켜 인체에 주입하여 면역을 키웁니다. 소아마비나 홍역, 황열병 등에 대한 백신이 이런 식으로 만들어집니다.

풍진-볼거리-홍역 통합 백신이나 황열병 백신은 살아 있는 바이러스를 약화시켜 만드는 방식이며, 면역 효과가 강하고 오래 지속되는 경향이 있습니다. 보통 이런 백신들은 한 번 접종하면 평생 다시 접종할 필요가 없습니다. 막스 타일러는 황열병 백신을 만든 공로로 1951년 노벨 생리의학상을 수상한 바 있습니다. 황열병은 아프리카와 남미에서 주로 발생하는 사망률 높은 감염병으로, 황열 바이러스가 간과 콩팥에 침입하여 고열, 구토, 황달을 일으킵니다. 하지만 살아 있는 병원균으로 백신을 만들 경우 면역력이 약한 사람에게는 예방 접종이 도리어 질병을 일으킬 수 있습니다. 그래서 화학 처리 등으로 병원균을 비활성화시켜 백신을 만들기도 하는데, 이를 비활성화 백신 또는 사(死)백신이라고 부릅니다. 면역 능력이 오래 지속되지 않아 추가 접종이 필요한 경우가 많다는 것은 단점입니다. 뇌염, A형 간염, 소아마비 백신이 이런 방식으로 만들어집니다.

이후 분자생물학이나 단백질 재조합 기술의 발전과 함께 감염성 바이러스 전체를 활용하지 않고 바이러스의 일부 요소들만 사용하여 백신을 만드는 기술이 등장했습니다. 면역 세포는 외부에서 침입한 바이러스의 표면에 있는 특정 단백질을 감지하여 면역 반응을 일으킵니다.

그래서 바이러스 표면에 있는 이 단백질을 만들어내는 유전자 코드를 활용하여 백신을 제조하면, 예방 접종 후 몸에서 이에 대한 항체를 만들어 낼 수 있게 됩니다. 병원균에서 병을 일으키는 부분을 제외하고 항원 부분만으로 백신을 만드는 셈입니다. 부작용 위험을 무릅쓰고 병원균에 기반한 백신을 만들지 않아도 되는 것이지요. 1986년 승인을 얻은 B형 간염이나 2008년 승인된 유두종 바이러스가 이 같은 방식으로 만들어집니다. 병원균 중 면역 반응을 유도하는데 필요한 특정 부분만 사용한다 하여 '소단위 백신'이라고도 합니다.

또는 단백질을 만들어내는 이 유전자 코드 부분만 다른 무해한 바이러스에 옮겨 심어 백신을 만드는 방식도 있습니다. 병원균 대신 이 항원 부분을 몸속에 전달해 주는 바이러스를 '벡터'라고 부릅니다. 벡터 바이러스가 주입되면 몸은 이에 반응해 항체 반응을 일으킵니다. 고열과 내출혈을 일으키는 아프리카 지역 전염병 에볼라 바이러스에 대한 백신이 이런 식으로 만들어집니다.

하지만 이 같은 방식의 백신들은 모두 생산을 위하여 대규모 세포 배양 과정을 거쳐야 한다는 문제가 있습니다. 대규모 시설 투자가 필요하고 생산 속도가 느립니다. 항원 바이러스 배양을 위한 대규모 생산 및 정제 시설, 바이러스 유출을 막을 안전장치, 부작용을 막기 위한 검증 등에 막대한 투자와 시간이 필요합니다.

예를 들어, 현재 독감 백신은 대부분 유정란에서 유래한 종균을 유정란에서 배양한 후 바이러스가 포함된 부분을 채취해 비활성화하는 방식으로 만들어집니다. 1930년대에 독감 바이러스가 유정란에서 변형됐다는 것이 알려진 이후, 독감 백신 개발에 유정란을 사용하기 시작한 것이 지금까지 이어져 온 것입니다. 그래서 계란을 안정적으로 수급

하는 것이 중요하고, 만드는 과정에서 오염되지 않도록 항생제를 쓰는 등 철저히 관리해야 합니다. 그런데 조류독감 유행 같은 변수로 계란 수급에 차질이 생길 수도 있고, 알레르기를 일으킬 수도 있습니다. 계란에 알레르기가 있는 사람은 독감 예방 접종을 조심해야 한다는 이야기가 그래서 나오는 것이죠.

이런 문제 때문에 요즘은 세포배양 방식도 쓰이고 있습니다. 종균을 계란이 아닌 포유류 동물의 세포에서 배양해 바이러스를 얻고, 이를 비활성화하는 방식입니다. 무균 배양기에서 생산하기 때문에 항생제를 쓸 필요가 없어 알레르기 부작용 걱정을 덜 수 있습니다. 하지만 원자재가 비싸고 무균 관리를 위한 비용도 들기 때문에 아직은 너무 비싸다는 문제가 있습니다.

많은 시설과 자금이 들고, 개발과 생산에 오랜 시간이 걸리는 기존 백신의 한계를 극복하기 위해 과학자들은 DNA나 mRNA를 이용하여 백신을 만드는 방법을 찾고자 노력했습니다. DNA나 RNA를 직접 주입해 신체가 스스로 면역에 필요한 단백질을 만들게 하는 백신은 생산 효율을 높이고, 변이하는 바이러스에 맞추어 백신의 유전자 코드를 약간씩만 수정해 가면서 빠르게 대응할 수 있다는 기대가 컸습니다. 이런 아이디어는 이미 1990년대부터 등장했습니다. 그러니 코로나19 백신이 1년 만에 개발되었다고 해도, 실제로는 시행착오를 거듭하며 이뤄진 이런 오랜 연구가 밑바탕이 되었기에 가능한 일이었습니다.

유전 정보를 단백질로 바꾸는 RNA

mRNA 기반 백신에 대해 이야기하기 전에 먼저 DNA와 RNA를 간단히 다루겠습니다. 우리 몸의 유전 정보는 세포핵 속 DNA에 저장되

어 있습니다. DNA는 두 개의 가닥이 꼬여 있는 이중나선 구조를 갖고 있습니다. 각 가닥은 아데닌(A), 구아닌(G), 사이토신(C), 티민(T) 등 4종류의 염기가 길게 이어진 모습입니다. 이들 4개 염기는 수소결합해 쌍을 이룹니다. 아데닌은 티민과, 구아닌은 사이토신과 서로 짝을 지어 결합합니다. 인간의 DNA는 약 32억 쌍의 염기서열로 이루어져 있습니다. 서로 다른 유전 정보를 담은 각각의 유전자는 이 DNA 염기서열의 특정 부위에 위치하는 정보를 말합니다. 이 정보는 4종류 염기의 조합에 의해 형성됩니다.

우리 몸은 DNA에 담긴 유전 정보를 바탕으로 실제 생명 현상을 일으키는 단백질을 합성합니다. 하지만 DNA가 직접 단백질을 만들지는 못합니다. DNA의 유전 정보가 RNA에 옮겨지는 '전사' 과정을 거쳐 세포 안에서 단백질을 만드는 역할을 하는 리보솜에 전달되며, 이곳에서 정보가 번역되어 아미노산 서열을 조합해 단백질을 합성합니다. DNA 서열은 유전 정보를 전달하는 mRNA를 만드는 틀 역할을 합니다.

DNA가 RNA 중합효소를 만나면 DNA가 풀어집니다. 중합효소가 DNA 가닥과 결합하고 이에서 비롯된 염기들이 DNA의 각 염기 중 자신과 꼭 들어맞는 염기들과 맞물리며 고유의 유전 정보를 담은 mRNA를 만듭니다. 전사된 유전 정보를 담아 리보솜에 전달한다고 해서 '전령 RNA'라는 이름이 붙었습니다.

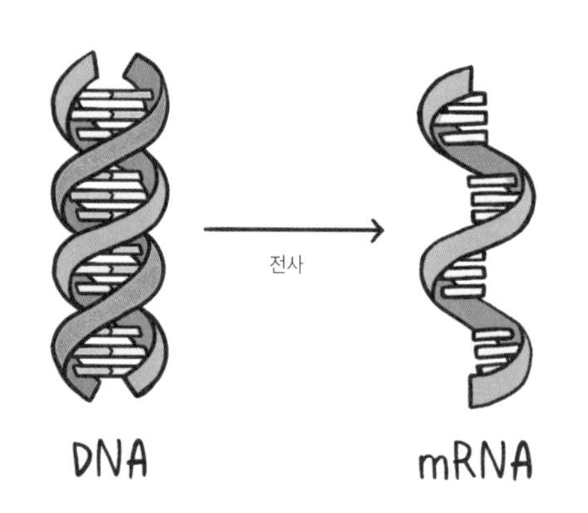

DNA의 유전정보는 전사 과정을 거쳐 mRNA로 옮겨진다.

이어 전달(t)RNA가 세포핵에서 나온 mRNA의 정보에 맞게 특정 아미노산을

리보솜으로 옮깁니다. 이렇게 해서 꼭 맞는 아미노산이 새로 만들어지는 단백질 사슬에 정확하게 추가됩니다. mRNA는 세포핵에서 만들어지고, 이후 핵을 빠져나와 세포질에 있는 리보솜에서 아미노산을 합성합니다. 만약 모든 작업이 핵에서 이뤄지면, 혹시 문제가 생길 때 수정할 수 있는 여지가 없습니다. 하지만 다음 단계는 세포 내 다른 곳에서 수행함으로써, 혹시 한 곳에 이상이 생겨도 그 영향을 최소화할 수 있습니다. 이들 외에도 여러 종류의 RNA가 있습니다.

RNA의 구조는 DNA와 비슷합니다. 질소 염기와 5탄당, 인산기 등 3가지 요소로 구성된 뉴클레오타이드로 이뤄져 있습니다. 뉴클레오타이드에서 인산기가 빠진 것을 뉴클레오사이드라고 합니다. 다만 RNA는 DNA와 달리 티민(T) 대신 우라실(U)이라는 염기를 갖고 있습니다.

mRNA 기반 백신을 향하여

과학자들은 보다 쉽고 빠르게 설계하고 대량 생산할 수 있는 백신, 보다 쉽게 개량할 수 있는 백신을 만들 방법을 찾고 있습니다. 그러다 DNA나 RNA를 활용한 백신을 개발하자는 아이디어에 도전하기 시작했습니다. 치료나 백신 등 임상 목적에 필요한 단백질의 유전 정보로 코딩된 mRNA가 인체의 세포 안으로 들어가면 몸이 이에 반응해 원하는 단백질을 생성할 수 있다는 원리입니다. 병원체의 유전자 정보만 알면 빠르게 백신을 설계하여 생산에 들어갈 수 있습니다.

1980년대에 세포 배양을 거치지 않고 실험실 환경에서 mRNA를 효율적으로 합성할 수 있는 기술이 등장했습니다. 이를 체외 전사(in vitro transcription)라고 합니다. 이 같은 분자생물학의 발전을 질병 치료나 백신 개발 등에 적용해 보려는 시도들이 나타났고, RNA 기반 백

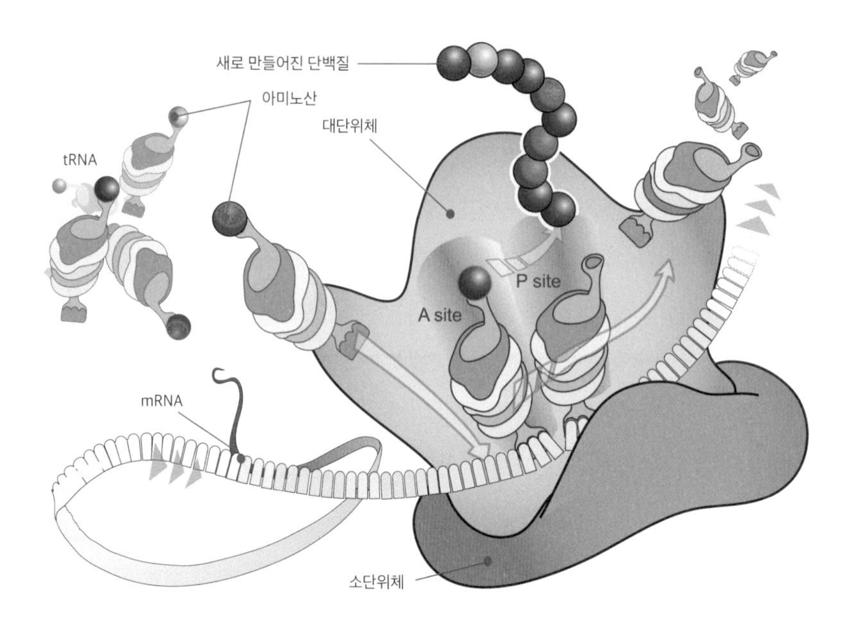

세포핵 속 DNA의 유전정보가 mRNA에 전사되어 아미노산 및 단백질이 만들어지는 과정.

신 개발도 그중 하나였습니다. 1990년대 쥐를 대상으로 한 연구에서 DNA나 RNA 기반 백신이 어느 정도 성과를 내기 시작했습니다.

처음에는 RNA보다 상대적으로 안정한 성질을 지닌 DNA를 활용한 연구가 더 유망하다고 보았습니다. 하지만 기대와 달리 진척은 더뎠고, 동물 실험의 성과는 사람을 대상으로 한 임상에서 잘 재현되지 않았습니다. 아마 외부에서 주입된 DNA는 세포의 원형질막과 핵막이라는 두 개의 장벽을 거쳐야만 DNA가 mRNA로 전사되는 세포핵으로 진입할 수 있기 때문인 것으로 보입니다. 반면 mRNA는 정보가 단백질로 번역되는 위치인 세포질에만 가면 되기 때문에 더 쉽게 전달될 수 있습니다. 또 mRNA 백신은 백신을 맞는 숙주의 유전체에 통합되지 않기 때

문에 보다 안전합니다.

비슷한 시기, mRNA를 외부에서 주입해 원하는 단백질을 생산하게 하는 것이 가능함을 보이는 동물 대상 연구가 나오며 이 분야에서 일부 진전이 일어났습니다. 하지만 RNA를 활용한 연구에도 문제가 있었습니다. 체외 전사 mRNA는 매우 불안정합니다. 과학자들이 DNA 연구에 더 관심을 기울였던 것에서 보듯, 본래 RNA는 DNA에 비해 훨씬 불안정한 물질이라 활용하기가 쉽지 않습니다. mRNA 치료제나 백신으로 원하는 효과를 얻으려면 나노 크기의 지질 캡슐 안에 mRNA 물질을 넣어 인체에 주입해야 합니다. 안정적인 나노 지질 캡슐 개발은 mRNA 백신 개발을 위한 중요한 과제 중 하나였고, 많은 과학자가 이 분야를 오랜 시간 연구해 왔기에 코로나19 백신을 만들 수 있었습니다.

더 큰 문제는 체외 전사 mRNA는 인체에 들어가면 심각한 염증 반응을 일으켰다는 점입니다. 병을 고치거나 예방하려 mRNA 물질을 사용하는 것인데, 도리어 부작용을 일으킨다면 곤란합니다. 이 문제는 좀처럼 해결되지 않았고, 이에 따라 mRNA 관련 연구는 곧 힘을 잃어갔습니다.

본격! 수상자들의 업적

모두에게 외면받아도 포기하지 않은 과학자들

학계의 관심이 식어가는 동안에도 mRNA를 활용한 새로운 의료 기술의 개발에 여전히 진심인 학자가 한 명 있었습니다. 바로 헝가리의 여성 과학자 커털린 커리코였습니다. 커리코 부사장은 모국 헝가리에서 생화학 박사 학위를 받고 1985년 미국으로 건너와 템플대학교와 펜실바니아대학교에서 mRNA 치료법에 대한 연구를 했습니다. 하지만 당시 학계는 mRNA의 잠재력에 대해 회의적인 분위기로 바뀌어 가고 있었습니다. 커리코 부사장은 연구 자금을 확보하는 데 어려움을 겪었고, 대학에 제대로 된 자리를 얻지 못한 채 불안정한 상태에서 연구를 해야만 했습니다.

그러다 커리코 부사장은 1997년 펜실베니아대 의대에 새로 부임한 드루 와이스먼 교수를 만납니다. 와이스먼 교수는 면역 분야에서 많은 연구 성과를 낸 과학자로, 특히 면역 과정에서 중요한 역할을 하는 수지상세포(樹枝狀細胞, dendritic cells)를 중점적으로 연구하였습니다. 수지상세포는 '나뭇가지 모양 세포'라는 뜻으로, 마치 나뭇가지처럼 돌기가 여러 개 뻗어 나온 모양이라고 해서 붙은 이름입니다. 외부 침입자나 이상이 있는 세포를 인식하고, 필요한 경우 면역 반응을 불러일으키는 등의 역할을 합니다. 그는 커리코 부사장의 연구에 관심을 보

와이스먼 교수와 커리코 부사장.

였습니다.

본래 커리코 부사장은 mRNA를 질병 치료에 적용하는 연구를 하고 있었습니다. 하지만 와이스먼 교수와 협업하면서 mRNA 기반 백신에 연구의 초점을 맞추게 됩니다. 학계에서 탄탄한 입지를 가진 와이스먼 교수와 손을 잡으면서 커리코 부사장은 어려운 환경 속에서도 연구를 이어갈 수 있었습니다. 면역 전문가인 와이스먼 교수와 RNA 전문가인 커리코 부사장이 만나 환상의 팀을 이룬 것입니다. 당시 이들의 목표는 인간면역결핍바이러스(HIV)에 대한 백신을 만드는 것이었습니다.

mRNA 백신을 위한 첫 문을 열다

이를 위한 연구 과정에서 커리코 부사장과 와이스먼 교수는 수지상 세포가 체외 전사 mRNA를 외부 침입자로 인식하고 면역 반응을 촉진해 염증을 일으킨다는 사실을 발견했습니다. 면역 반응을 유발한다는 것은 처음에는 mRNA 백신 개발에 긍정적 신호로 여겨졌습니다. 하지만 염증이 몸에 악영향을 미친다면 이야기가 달라집니다. 포유류 동물 세포에서 만들어진 mRNA는 염증 반응을 일으키지 않는데 왜 체외 전사 mRNA는 염증을 일으킬까요? 이들은 이 문제를 파고들었습니다.

앞에서 RNA는 아데닌(A), 구아닌(G), 사이토신(C), 우라실(U)의 4개 종류 염기로 구성되어 있다고 했지요? 이들 4개 염기가 다양한 순서와 길이로 조합되면서 DNA로부터 얻은 유전 정보를 표현합니다. 그런데 자연 상태에서는 포유류 동물의 mRNA 중 일부 염기에 끊임없이 조금씩 변형이 일어납니다. 반면 실험실에서 만들어진 체외 전사 mRNA에서는 이런 일이 벌어지지 않습니다. 두 사람은 이것이 염증 반응의 유무를 가르는 중요한 요소일 수 있다고 생각했습니다.

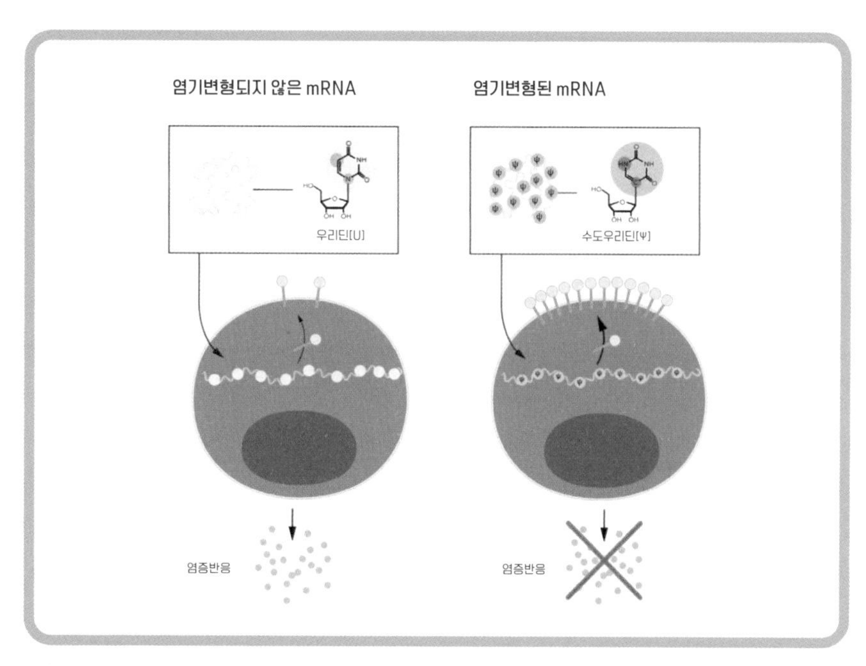

염기 변형된 mRNA(오른쪽)와 그렇지 않은 mRNA 비교. © 노벨위원회

이들은 여러 염기에 화학적 변형을 일으킨 체외 전사 mRNA를 여러 종류 만든 후 수지상세포에 전달해 보았습니다. 결과는 기대 이상이었습니다. 염기들에 화학적 변형이 가해진 체외 전사 mRNA는 신체에 들어온 후 거의 염증 반응을 일으키지 않았습니다. 특히 우라실(U) 염기 기반의 뉴클레오타이드인 우리딘에 대한 변형이 염증 감소에 중요한 열쇠라는 사실을 발견했습니다. 커리코 부사장과 와이스먼 교수가 2005년 학술지 〈면역〉에 발표한 이 연구는 mRNA를 의료 목적으로 활용할 수 있다는 실제적 가능성의 문을 활짝 열었습니다. 이 연구 이후 학계에서는 외부에서 효소 반응을 통해 만들어진 mRNA를 실용적

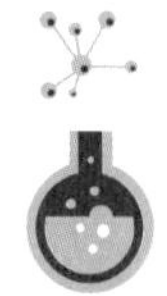

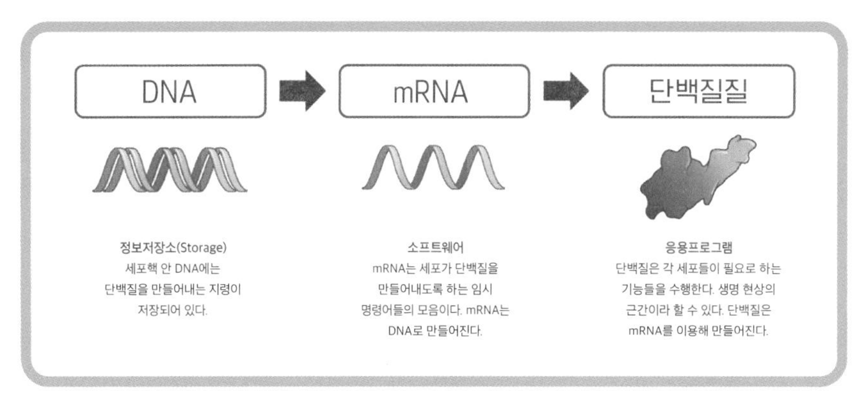

DNA와 mRNA, 단백질은 컴퓨터의 저장소와 소프트웨어, 응용 프로그램에 비유할 수 있다. © 모더나

목적으로 활용할 수 있다는 판단을 하게 되었습니다. 팬데믹이 발생하기 15년 전에 코로나19 바이러스 백신 제조를 위한 첫 발걸음을 뗀 셈입니다.

이후 커리코 부사장과 와이스먼 교수는 후속 연구를 통하여 염기가 변형된 체외 전사 mRNA가 그렇지 않은 mRNA에 비하여 더 효과적으로 번역되며, 이에 따라 더 많은 단백질을 생산한다는 사실도 밝혔습니다. 염기 변형이 단백질 생산을 제한하는 효소의 활동을 억제하기 때문입니다. 이들 연구는 2008년과 2010년 각각 발표되었습니다. 체외 전사 mRNA가 체내에서 염증을 일으키는 것을 막고, 원하는 단백질의 생산 효율도 높일 수 있게 됨에 따라 mRNA의 임상 적용을 막는 큰 장애물들은 대부분 사라졌습니다.

두 사람이 2005년 학술지 〈면역〉에 발표한 논문은 당시에는 큰 주목을 받지 못했지만, 결국 인류가 코로나19 팬데믹에 맞서 싸울 토대를 놓은 기념비적인 연구로 남게 되었습니다.

mRNA 백신, 현실이 되다

2010년 전후에 이르러 mRNA 기반 치료제나 백신을 상용화하려는 기업들이 등장하기 시작합니다. 바이오엔테크, 모더나, 큐어백 등입니다. 이 중 바이오엔테크와 모더나는 코로나19 백신을 만들어 우리에게 익숙한 이름입니다. 이들 기업은 지카 바이러스나 중동호흡기증후군 메르스를 막기 위한 백신 개발에서 적지 않은 성과를 거두었습니다. 특히 메르스는 코로나19와 같은 코로나 계열 바이러스에 의한 병으로, 메르스에 대한 연구와 대처 경험은 코로나19 팬데믹에 대응하는 데 큰 도움이 되었습니다. 하지만 아직 mRNA 기반 백신 중 상용화에 성공한

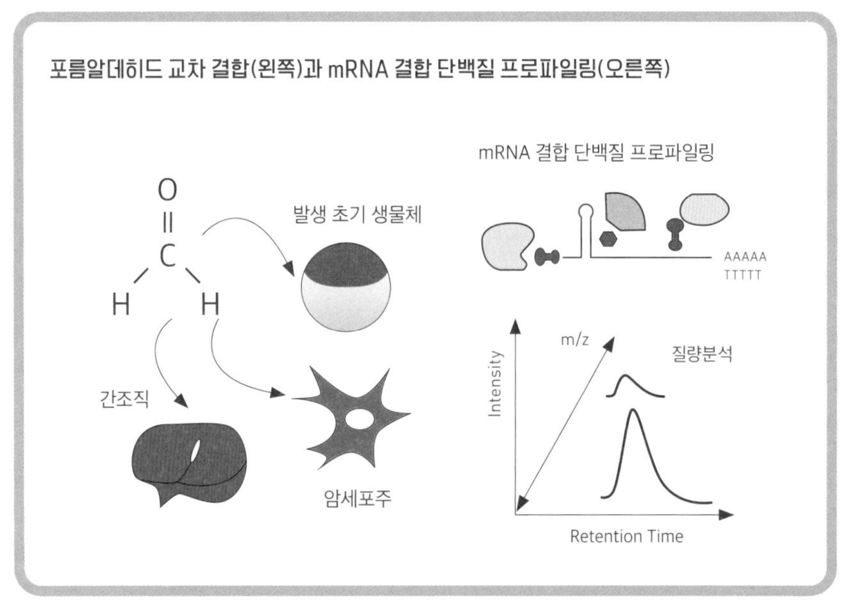

코로나19 백신은 mRNA를 인체에 주입해 바이러스에 맞설 항체를 만든다. 이처럼 mRNA를 이용해 백신이나 암 치료제 등을 만들기 위해서 mRNA의 특성과 단백질과의 상호작용 과정 등을 더 자세하게 밝히는 연구도 활발히 이뤄지고 있다. © 서울대

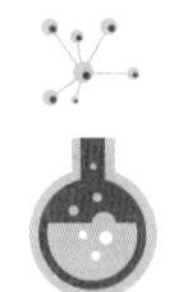

제품은 나오지 않았습니다.

그러다 2020년 코로나19 팬데믹이 터졌습니다. mRNA 기술을 가진 바이오 기업들은 재빨리 코로나19 백신 개발에 뛰어들었습니다. 바이오엔테크와 모더나는 커리코 부사장과 와이스먼 교수가 발견한 변형 염기 기반 mRNA 백신 방식을 택했습니다. 커리코 부사장이 속한 바이오엔테크는 굴지의 글로벌 제약사인 화이자와 협력해 백신을 개발했습니다.

mRNA 기반 코로나19 백신은 바이러스의 유전 정보를 담은 RNA를 몸속에 주입하는 방식입니다. 몸속에 들어간 RNA는 코로나 바이러스 표면에 있으면서 인체 침입에 돌격대 역할을 하는 뾰족한 모양의 스파이크 단백질을 발현시킵니다. 그리고 우리 몸은 이를 항원, 즉 병원균으로 인식해 면역 반응을 일으키는 것이지요.

물론 코로나19 백신 개발에는 여러 과학자와 각국 정부, 보건 당국 등의 노력도 중요한 역할을 했습니다. 미국 텍사스오스틴대학 제이슨 맥렐런 교수 연구팀 등은 코로나19 바이러스의 구조를 서둘러 자세히 분석하고, 2020년 초 코로나19 연구를 위해 일반에 공개했습니다. 이 데이터는 코로나19 연구에 큰 기여를 하였습니다. mRNA를 나노 크기의 지질 입자에 넣어 몸속에 안정적으로 전달하는 기술도 mRNA 백신의 기술적 도약을 뒷받침했습니다.

또 미국 등 각국 정부는 코로나19 백신 개발에 막대한 자금을 지원하고, 임상 승인 과정을 서둘러 진행하는 등 백신을 빠르게 세상에 내놓기 위해 지원을 아끼지 않았습니다. 이러한 노력들이 커리코 부사장과 와이스먼 교수가 닦아 놓은 학문적 기반들과 합쳐져 유례없이 빠른 백신 개발로 이어질 수 있었습니다.

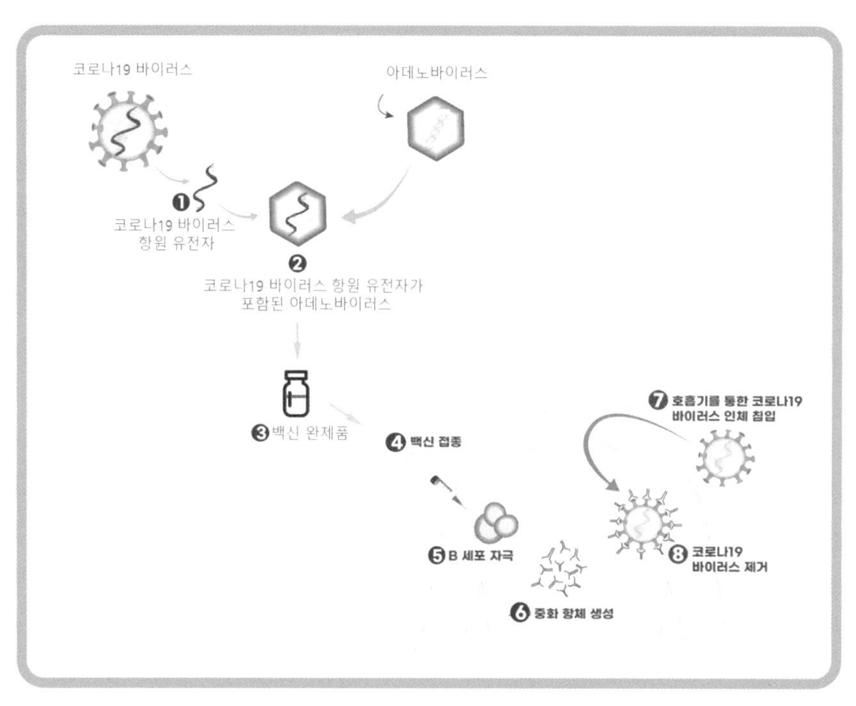

아데노바이러스를 활용한 코로나19 백신의 작용 과정. © 식품의약품안전처

2020년 12월에는 이미 백신 사용 승인이 떨어져 접종을 시작할 수 있었습니다. 통상 10년 넘게 걸리던 백신 개발을 1년 안에 마친 것입니다. 우리나라에서는 2021년 초부터 백신 접종이 시작되었습니다. 바이오엔테크와 모더나 백신의 임상 3차 실험 결과, 이들은 94~95퍼센트의 예방 효과를 보인 것으로 나타났습니다. 이들 코로나19 백신은 접종이 시작된 2020년 12월부터 1년 후인 2021년 12월 사이에 거의 2천만 명의 생명을 구한 것으로 추산됩니다.

백신 개발 후 장기적 영향을 폭넓게 확인하기에는 아직 충분한 시간이 흐르지 않았지만, 세계적으로 10억 명 이상이 코로나19 백신 접종

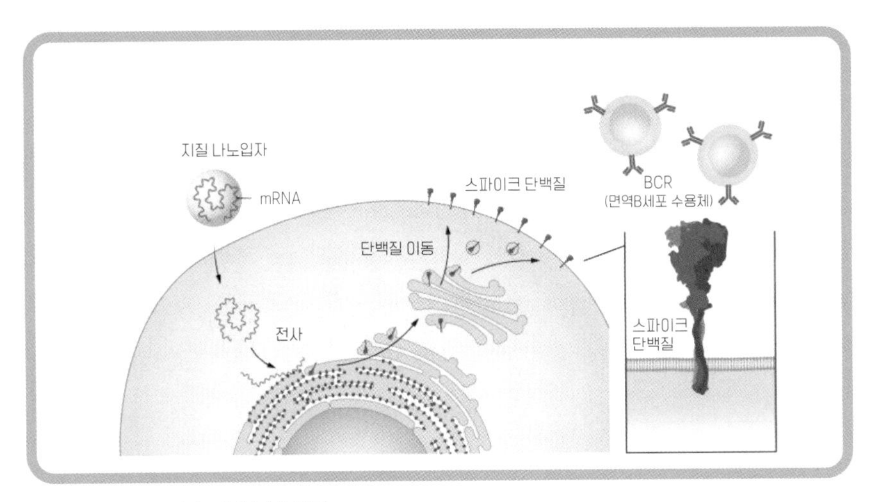

mRNA 백신 접종 후 스파이크 단백질이 형성된다.

을 받아 많은 희생을 줄일 수 있었다는 점을 높이 사 노벨상을 수상했다는 평가입니다.

mRNA 방식 백신의 단점은 열에 약하다는 점입니다. 이런 이유로 백신을 유통하거나 병원에서 보관하는 데 상당한 어려움이 있습니다. 모더나 백신은 냉동고에서 보관해야 하고, 바이오엔테크 백신은 영하 70도 이하 초저온에서 유통해야 합니다. 보건 인프라가 제대로 갖춰지지 않은 개발도상국에서는 관리에 어려움을 겪을 수 있습니다. 이는 mRNA 자체보다는 mRNA를 감싸는 나노 지질 입자의 불안정성 때문으로 추정됩니다.

mRNA 백신, 미래 감염병과 싸울 무기

코로나19 팬데믹과 이어진 mRNA 기반 백신 개발을 통해 인류는 감염병과 맞서 싸울 새로운 무기를 얻었습니다. 코로나19 백신 개발

과정은 빠르고 유연하다는 mRNA 백신의 장점을 잘 보여주었습니다. 2020년 1월 코로나19 바이러스 유전자 정보가 공개된 뒤, 모더나가 1상 임상 시험 단계의 백신을 만드는 데 불과 25일밖에 걸리지 않았습니다. 변이 바이러스나 새로운 바이러스가 나오더라도 유전 정보를 필요에 따라 바꿔가며 유연하게 대처할 수 있습니다.

지금까지는 새로운 감염병이 터졌을 때 인류가 신속하게 대처할 방법이 별로 없었습니다. 백신 개발에 오랜 시간이 걸렸기 때문입니다. 우리가 코로나19 시기 마스크 쓰기나 사회적 거리두기 같은 불편을 감수해야 했던 이유입니다.

mRNA 백신 기술이 발달함에 따라 앞으로 이 같은 불편을 크게 줄일 수 있으리라 기대됩니다. WHO는 백신을 빠르고 효율적으로 생산할 수 있는 표준화된 플랫폼을 마련해, 앞으로 신규 감염병 병원체 탐지에서 임상과 생산까지 걸리는 기간을 100일로 줄인다는 목표를 세워 추진하고 있습니다.

또 백신뿐 아니라 암 치료 등에도 mRNA 관련 기술을 적용하기 위한 연구가 한창입니다. 암세포에 특징적으로 나타나는 단백질을 만들어내는 mRNA 기반 암 백신을 투여하면, 면역 세포가 암세포의 단백질을 인식해 제거하는 원리입니다.

모더나는 미국 제약회사 머크(MSD)와 흑색종 환자를 대상으로 한 mRNA 기반 치료제를 개발하고 있습니다. 이 치료제는 암 재발 위험을 44퍼센트 낮추는 성과를 보여 주목받았습니다. 바이오엔테크 역시 글로벌 제약사 로슈와 공동으로 췌장암 백신 연구를 하고 있습니다. 그밖에도 mRNA 기반 치료법이 피부암 등 여러 암에 효과가 있다는 연구 결과들이 나오고 있습니다.

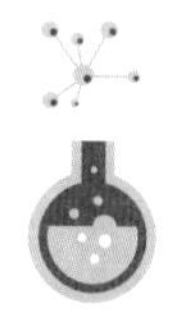

비정규직 전전하던 커리코 교수의 30년 연구로 꽃피운 코로나19 백신

2023년 노벨 생리의학상을 받은 커리코 부사장은 불굴의 의지로 어려움을 극복하고 인류에 큰 기여를 남긴 집념의 과학자로 기억될 것입니다. 그는 학계의 회의적 시각 속에서도 20년 이상 mRNA 연구에 매진했습니다. 그 여정은 결코 쉽지 않았습니다. 제대로 된 교수 자리도 얻지 못했고, 학계의 평가는 좋지 않아 학교에서는 여러 번 직위를 강등당하기도 했습니다. 하지만 그의 연구는 결국 인류가 세계적인 감염병 위기를 극복하고, 건강과 보건을 향상시킬 새로운 도구를 얻게 해 주었습니다.

커리코 부사장은 1955년 수도도, 냉장고도, 텔레비전도 없는 헝가리 시골 푸줏간집 딸로 태어났습니다. 하지만 어린 시절부터 과학에 뛰어난 재능을 보였고, 명문 세게드대학에서 생화학 박사 학위를 받았습니다. 이후 헝가리 생화학연구센터에서 연구원으로 일했지만, 정부의 지원이 끊기는 바람에 연구를 이어갈 수 없게 되었습니다.

그는 고향을 떠나 외국에서 연구를 계속하기로 결심합니다. 미국 템플대학교의 박사후연구원 자리를 얻어 1985년 미국으로 건너갑니다. 당시 공산국가였던 헝가리에서 서방 국가로 가는 것은 쉬운 일이 아니었습니다. 외화를 들고 나가는 데도 많은 제약이 있었습니다. 커리코 부사장은 차를 팔아 얻은 1천 달러 정도의 돈을 두 살 먹은 딸의 곰 인형 속에 숨겨 남편과 딸과 함께 미국으로 떠났습니다.

템플대에서 그는 mRNA를 활용하여 에이즈나 혈액 관련 질병을 치료하는 연구를 했습니다. 1988년에는 존스홉킨스대학으로 옮기려고 했으나, 이에 분노한 템플대의 지도교수가 학계에 커리코 부사장에 대한 악평을 퍼뜨리고 비자 문제 등을 거론하며 다른 기관에서 일하지 못

하도록 방해해 곤란한 상황에 처했습니다. 결국 존스홉킨스대학에 가지 못한 그는 1989년, 간신히 펜실베니아대학에서 mRNA 관련 연구를 할 수 있는 자리를 얻습니다.

하지만 불안정한 RNA를 활용하는 그의 연구는 번번이 벽에 부딪혔습니다. mRNA 기반으로 에이즈 백신 등을 만들겠다는 그의 비전은 실현 가능성과 시장성을 끊임없이 의심받았습니다. 그는 연구과제를 진행하기 위한 지원금을 얻지 못했고, 학교에서는 교수에서 일반 연구원으로 강등당하고, 연봉도 깎였습니다. mRNA에 대한 학계의 회의적 분위기도 커져갔습니다. 학교는 그에게 mRNA 연구를 포기하든지 강등을 당하든지 선택하라고 압박했습니다. 급기야 1995년에는 암에 걸리는 시련을 맞았습니다. 그럼에도 그는 mRNA 연구를 놓지 않았습니다.

포기하지 않고 연구를 계속하던 그의 연구는 1997년 펜실베니아대 의대 교수로 부임한 드루 와이스먼을 만나며 실마리를 찾습니다. 두 사람은 공동연구를 통해 RNA 염기 변환을 통해 mRNA 치료제의 염증 반응을 없앨 수 있음을 보였습니다. 2011년 바이오엔테크가 이 기술을 도입했습니다. 그럼에도 학교에서 그의 입지는 나아지지 않았고, 결국 2013년 바이오엔테크로 자리를 옮깁니다. 그는 2019년 이 회사의 수석부사장이 됩니다. 물론 이 시기 여러 기업이 mRNA 기술의 상용화에 나서면서, 민간 부문에 그간의 연구를 적용할 기회를 엿보았기 때문이기도 하겠지요.

커리코 부사장은 학계에 있는 동안 제대로 된 교수 자리를 얻지 못했습니다. 연구과제 지원자로 선정된 적도 없다고 합니다. 코로나19 백신이 나온 후 그의 어머니가 물었습니다.

"이제 네가 노벨상을 받는 것 아니니?"

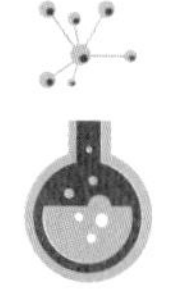

커리코 부사장은 이렇게 대답했다고 합니다.

"엄마, 저는 연구과제 지원도 한번 못 받아 봤어요."

하지만 그의 끈질긴 연구는 결국 인류의 건강과 보건을 위한 중요한 성과를 낳았습니다. 결과가 잘 안 나와 변방에 있던 연구 주제였던 mRNA를 놓지 않고 끝까지 붙들어, 결국 인류를 위기에서 구했습니다. 커리코 부사장은 한 언론과의 인터뷰에서 이렇게 대답했습니다.

"mRNA 기반 치료법이 성과를 내리라는 나의 믿음은 흔들린 적이 없습니다."

"오래 살아서 나의 연구가 사람들을 위해 쓰이는 것을 실제로 볼 수 있기를 항상 바랐습니다."

커리코 부사장의 남편 벨라 프란시아는 아파트 관리인으로 일하며 부인을 도왔습니다. 딸 수전은 올림픽에서 2개의 금메달을 딴 조정 선수입니다.

확인하기

2023 노벨 생리의학상 이야기를 잘 읽었나요? 수많은 어려움이 있었지만 mRNA 기반 치료법에 대한 믿음을 잃지 않았던 커리코 부사장의 이야기가 인상적이었습니다. 다음의 문제를 통해 노벨 생리학상의 내용을 다시 한번 확인해 봅시다.

01 2023년 노벨 생리의학상 수상자를 모두 고르세요.

① 스반테 페보
② 드루 와이스먼
③ 허준이
④ 커털린 커리코

02 감염병을 일으키는 병원균 같은 외부 위협이나 암세포 같은 신체 내부의 이상에 맞서 몸의 건강을 지키는 반응을 무엇이라 하나요?

① 순환
② 배설
③ 면역
④ 호흡

03 신체가 면역 반응을 일으킬 수 있도록 도움을 주는 의약품을 부르는 말은?

① 백신
② 항생제
③ 페니실린
④ 코로나19

04 다음 중 백신의 원료로 쓰이지 않는 것은?

① 병원균

② DNA

③ RNA

④ 혈액

05 사람의 유전 정보는 어디에 저장되어 있나요?

① RNA

② DNA

③ 뇌

④ 리보솜

06 DNA의 유전 정보가 mRNA로 옮겨지는 과정을 부르는 말은?

① 번역

② 소화

③ 전사

④ 기억

07 실험실에서 합성된 mRNA를 신체에 주입할 때 나타나는 염증 부작용을 없애는 방법은 무엇이었나요?

① 염기 변환

② 염기 보존

③ DNA 이중나선 분리

④ 단백질 합성

08 mRNA 백신에 대한 설명으로 맞지 않는 것은?

① 코로나19 예방 백신을 만드는 데 쓰였다.

② 바이러스가 인체에 침입할 때 쓰는 단백질을 만드는 mRNA를 몸에 주입하는 것이다.

③ mRNA 백신을 맞으면 몸은 이에 반응해 바이러스에 맞서는 항체를 만든다.

④ mRNA 백신은 다른 백신에 비해 개발이 어렵고 시간이 오래 걸린다.

09 코로나19 백신을 빠른 시간에 개발하는 데 도움이 된 것을 모두 고르시오.

① 코로나19 바이러스 유전체 정보 공유

② 세계 여러 나라 정부의 자금 지원

③ 커리코 부사장과 와이스먼 교수의 mRNA 연구

④ 사회적 거리두기

10 커리코 부사장이 헝가리를 떠나 미국에 갈 때 어디에 돈을 숨겼나요?

① 곰 인형

② 지갑

③ 통장

④ 복대

정답

1.②,④ 2.③ 3.① 4.④ 5.② 6.③

7.① 8.④ 9.①,②,③ 10.①

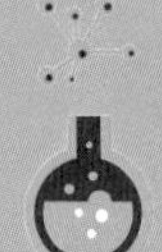

참고 자료

2023 노벨 물리학상

- 위키피디아 https://www.wikipedia.org
- 노벨위원회 공식 홈페이지(https://www.nobelprize.org) 및 보도자료
- 물리학백과, 천문학백과, 화학백과, 지식백과 등
- 「과학동아」 2023년 11월호 기사 '노벨상 2023' 중 〈물리학상 - 100경분의 1초, 아토초로 원자의 이온화 순간을 포착하다〉
- 「과학동아」 1999년 11월호 기사 <99년 영광의 수상자: 화학상 - 아메드 즈웨일>
- 「과학동아」 2005년 11월호 기사 '2005 노벨상 세상을 사로잡다' 중 〈물리학상 - 레이저로 측정 한계 극복하다〉
- 「동아사이언스」 2022년 10월 3일 기사 '노벨상 2023' 중 〈X레이의 DNA 파괴 순간 포착… '아토초' 시대 연 과학자들, 물리학상(종합)〉
- 「안될과학」 2023년 11월 9일 유튜브 콘텐츠 〈극한의 빛, 아토초 펄스?! 초고속 현상 연구를 위한 빛!(광주과학기술원 김경택 교수) [2023 노벨물리학상 1/2]〉
- 「안될과학」 2023년 11월 10일 유튜브 콘텐츠 〈극한의 빛으로 전자를 관측하다!(광주과학기술원 김경택 교수) [2023 노벨물리학상 2/2]〉

2023 노벨 화학상

- 노벨위원회 홈페이지 노벨화학상 보도자료
  https://www.nobelprize.org/prizes/chemistry/2023/press-release/
- 2023 노벨화학상의 과학적 배경
  https://www.nobelprize.org/uploads/2023/10/advanced-chemistryprize2023-3.pdf
  https://www.nobelprize.org/uploads/2023/12/popular-chemistryprize2023-3.pdf
- 예키모프 논문
  http://www.jetpletters.ru/ps/1517/article_23187.shtml
- 브루스 논문
  https://pubs.aip.org/aip/jcp/article/79/2/1086/776583/Quantum-size-effects-in-the-redox-potentials
- 바웬디 논문
  https://pubs.acs.org/doi/10.1021/ja00072a025
- 「뉴욕타임스」 기사
  2023/10/4 나노 세계를 탐험한 3명의 노벨 화학상

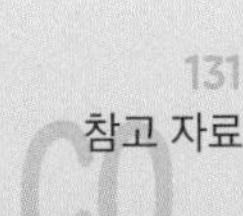

https://www.nytimes.com/2023/10/04/science/nobel-prize-chemistry.html
- 「동아사이언스」 기사
  2023/10/16 양자점 상용화...끝없는 질문에 답 찾는 과정
  https://www.dongascience.com/news.php?idx=62005

2023 노벨 생리의학상

- 노벨위원회 홈페이지
  Press Release https://www.nobelprize.org/prizes/medicine/2023/press-release/
- 노벨위원회 〈2023년 노벨 생리의학상의 과학적 배경〉
  https://www.nobelprize.org/uploads/2023/10/advanced-medicinprize2023-3.pdf
- 기초과학연구원(IBS), 코로나19 과학 리포트 1,2
  https://www.ibs.re.kr/cop/bbs/BBSMSTR_000000000971/selectBoardList.do
- 「이투데이」 2023년 10월 8일 기사 <팬데믹 부르는 기후변화…유엔, 인수공통감염병 경계령>
- 「조선비즈」 2023년 10월 2일 기사 <[2023 노벨상] "mRNA가 세계 인류 구했다"...과학자들이 설명하는 커리코·와이스먼 생리의학상 수상의 의미>
- 「연합뉴스」 2023년 8월 26일 기사 <[이지 사이언스] 유정란·세포배양 독감백신…무엇이 다를까>
- 「지디넷」 2023년 10월 2일 기사 <[노벨상 2023] 15년에서 1년으로…코로나19 팬데믹 맞선 mRNA 백신>
- 「지디넷」 2023년 10월 2일 기사 <[노벨상 2023] 비정규직 전전하던 커리코 교수, 30년 연구로 꽃핀 코로나19 백신>
- 「The Guardian」 2020년 11월 21일 기사 <Covid vaccine technology pioneer: 'I never doubted it would work'>
- Karikó, K., Buckstein, M., Ni, H. and Weissman, D. Suppression of RNA Recognition by Toll-like Receptors: The impact of nucleoside modification and the evolutionary origin of RNA. Immunity 23, 165-175 (2005).
- Karikó, K., Muramatsu, H., Welsh, F.A., Ludwig, J., Kato, H., Akira, S. and Weissman, D. Incorporation of pseudouridine into mRNA yields superior nonimmunogenic vector with increased translational capacity and biological stability. Mol Ther 16, 1833-1840 (2008).
- Watson OJ, Barnsley G, Toor J, Hogan AB, Winskill P, Ghani AC (June 2022). "Global impact of the first year of COVID-19 vaccination: a mathematical modelling study". The Lancet Infectious Diseases. 22 (9): 1293-1302. doi:10.1016/s1473-3099(22)00320-6
- Anderson, B.R., Muramatsu, H., Nallagatla, S.R., Bevilacqua, P.C., Sansing, L.H., Weissman, D. and Karikó, K. Incorporation of pseudouridine into mRNA enhances translation by diminishing PKR activation. Nucleic Acids Res. 38, 5884-5892 (2010).

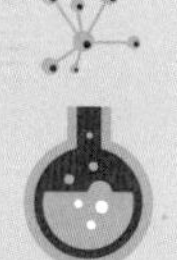